AF830240

Institut
für ausländisches und internationales Privatrecht

BEITRÄGE
zum
ausländischen und internationalen Privatrecht

Herausgegeben in Gemeinschaft mit

**E. Heymann, M. Pagenstecher, F. Schlegelberger,
H. Titze, M. Wolff**

von

E. Rabel
Direktor des Instituts für ausländisches
und internationales Privatrecht

Heft 3

Berlin und Leipzig 1930

Walter de Gruyter & Co.

vormals G. J. Göschen'sche Verlagshandlung — J. Guttentag, Verlagsbuchhandlung
Georg Reimer — Karl J. Trübner — Veit & Comp.

Die Bereicherungshaftung

im angloamerikanischen Rechtskreis in Vergleichung mit dem deutschen bürgerlichen Recht

Von

Dr. Wolfgang Friedmann

Berlin und Leipzig 1930

Walter de Gruyter & Co.

vormals G. J. Göschen'sche Verlagshandlung — J. Guttentag, Verlagsbuchhandlung
Georg Reimer — Karl J. Trübner — Veit & Comp.

Copyright 1930 by Walter de Gruyter & Co.,
Berlin und Leipzig.

Inhaltsverzeichnis.

III. Die Bedeutung des Bereicherungsbegriffs im angelsächsischen Privatrecht außerhalb der condictio.

Verzeichnis des benutzten Schrifttums.

I. Deutschland und Österreich.

Anson-Prochownick, Englisches Vertragsrecht, 1908.

Curti, Englands Privat- und Handelsrecht, 1927, 2 Bände.

Damme-Lutter, Patentrecht, 3. Aufl., 1925.

Dernburg, Pandekten, 8. Aufl.

Enneccerus, Lehrbuch des bürgerlichen Rechts, 2. Bd., Schuldverhältnisse, 23./27. Aufl., 1927.

Gierke, Deutsches Privatrecht, 3 Bände, 1895—1918.

Grünhut, Handbuch des Wechselrechts, 2 Bände, 1897.

Heymann, Englisches Privatrecht i. Holtzendorff-Kohlers Enzyklopädie, 2. Aufl., 1914, Bd. 2.

Jenks - Schirrmeister - Prochownick, Das Bürgerliche Recht Englands, Allgemeiner Teil, 1906, Recht der vertraglichen Obligationen, 1929.

von Mayr, Condictio, 1895.

Meyer, Weltwechselrecht, 1909. Bd. 1.

Michaelis, Kommentar zum Scheckgesetz, 1927.

Müller-Erzbach, Mittelbare Stellvertretung, 1905.

Neuner, Abstrakte und kausale Übereignung, 1924.

Oertmann, Kommentar zum BGB., Recht der Schuldverhältnisse, 5. Aufl., 1928.

Orth, Die Bereicherung im Patentrecht, 1928.

Planck-Landois, Kommentar zum BGB., herausgegeben von Planck, Recht der Schuldverhältnisse, bearbeitet von Landois, 4. Aufl., § 812 ff.

Rabel, Römisches Privatrecht in Holtzendorff-Kohler Enzykl., 2. Aufl., Bd. 1.

Reichsgerichtsräte, Kommentar v., zum BGB., 6. Aufl., 1928, 5 Bände.

Soergel, Kommentar zum BGB., 1929, 2 Bände.

Staub-Stranz, Kommentar zur Wechselordnung, 11. Aufl., 1926.

Swoboda, Bereicherung, Geschäftsführung ohne Auftrag, versio in rem, 1919.

von Tuhr, Allgemeiner Teil des bürgerlichen Rechts, 1910—1919, 3 Bände.

Wellspacher, Versio in rem, 1900.

Windscheid-Kipp, Pandekten, 9. Aufl., 1906.

Wolff, Lehrbuch des bürgerlichen Rechts, 3. Bd., Sachenrecht, 22./26. Aufl., 1927.

II. Britisches Reich.

Anson-Gwyer, Principles of the law of contracts, 16. Ed., 1923
Bowstead, On agency, 1924.
Caspersz, On Estoppel, 4. ed., 1915.
Chalmers, the bills of exchange act, 9. ed., 1927.
Daruvala, The doctrine of consideration, 1914.
Jenks, Digest of English Civil Law, 2. ed., 1921.
Kerr-Williams, On fraud and mistake, 5. ed. 1920.
Leake-Randall, Principles of the law of contracts, 7. ed., 1921.
Maitland, Equity, also the forms of action at Common Law, 1920.
Robinson-Morgan, Public Arthorities and Legal Liability, 1925.
Story-Randall, On equity, 3. ed., 1920.
Williams-Eastwood, On real property, 24. ed., 1926.

III. Amerika.

Ames, Lectures on legal history, 1925.
Anson-Corbin, Principles on the law of contracts, 4. ed., 1924.
Bogert, On trusts, Handbook, 1921.
Bowers, Law of conversion, 1917.
Chapin, Handbook of the law of torts, 1917.
Clark, The law of contracts of New York, 1922, 2 vol.
Cooley, On torts, 3. ed., 1906.
Eaton-Throckmorton, On equity, 2. ed., 1923.
Elliott, Commentaries on the law of contracts, 1913, 7 vol.
Keener, On quasi-contracts, 1893.
Maine, Early law and custom, 1914.
Page, The law of contracts, 1920, 7 vol.
Pomeroy, Equity jurisprudence, 4. ed., 1918, 6 vol.
Scott, Cases on quasi-contracts, 1908.
Thurston, Cases on quasi-contracts, 1916.
Wigmore, A summary of quasi-contracts, 25 Am. L. R. 695 ff., 1891.
Williston, The law of contracts, 1924, 5 vol.
Woodruff, Cases on quasi-contracts, 2. ed., 1917.
Woodward, The law of quasi-contracts, 1913.
Walsh, History of English and American Law, 1926.

IV. Frankreich.

Gérota, Enrichissement sans cause 1925.

V. Italien.

Ruggiero, Istituzioni di diritto civile, 4. ed., 1926, 2 vol.

Entscheidungssammlungen und Zeitschriften.

I. Deutschland.

(Anführungen nach Maas-Magnus, Abkürzungsverzeichnis de Gruyter 1929.)

Im einzelnen:

ArchZivPr.	= Archiv für die zivilistische Praxis
DJZ.	= Deutsche Juristen-Zeitung
Gruch.	= Gruchots Beiträge zur Erläuterung des deutschen Rechts
JW.	= Juristische Wochenschrift
LZ.	= Leipziger Zeitschrift für deutsches Recht
RGZ.	= Entscheidungen des Reichsgerichts in Zivilsachen
RheinZ.	= Rheinische Zeitschrift
ZAuslIntPR.	= Zeitschrift für ausländisches und internationales Privatrecht

II. Britisches Reich.

a) Entscheidungssammlungen.

A. C.	= Appeal Cases
Ch. D.	= Chancery Division
C. B.	= Common Bench
Ex.	= Exchequer
K. B. D.	= Kings Bench Division
Q. B. D	= Queens Bench Division

b) Zeitschriften.

L. J.	= Law Journal
L. T. R	= Law Times Reports

III. Amerika.

a) Bundesgerichte.

Fed.	= Federal Reporter
U. S.	= United States Supreme Court Reports

b) Gerichte der Einzelstaaten.

1. Angeführt nach dem National-Reporter-System (West. Publishing Company St. Paul, Minnesota.)

Im einzelnen:

Atl.	= Atlantic	Reporter
N. E.	= North Eastern	Reporter
N. W.	= North Western	Reporter
Pac.	= Pacific	Reporter
S. E.	= South Eastern	Reporter
So.	= Southern	Reporter

Der in Klammern beigefügte Zusatz bezeichnet abgekürzt den jeweiligen Einzelstaat, aus dessen Gerichtsbereich die Entscheidung stammt.

Beispiel: 22 Atl. 33 (1890) (Conn.) = Atlantic Reporter Bd. 22, S. 33. Staat Connectitut, Jahr 1890.

2. Angeführt nach den Entscheidungssammlungen der Einzelstaaten.

Beispiel: 81 Mo 569 = Entscheidungssammlung des Staates Missouri . . .

3. Vereinzelt angeführte ältere Sammlungen sind zugleich mit der Fundstelle in einem Lehrbuch oder einer Fallsammlung angegeben.

c) Zeitschriften.

L. R. = Law Review

mit dem Zusatz der jeweiligen Universität oder des jeweiligen Staates.

Beispiele:

HarvL.R. = Harvard Law Review
MinnL.R. = Minnesota Law Review

I. Einleitung.

§ 1.

In jedem Rechtssystem besteht die Möglichkeit, daß eine durch Leistung oder andere Rechtsvorgänge eingetretene Vermögensverschiebung der Gerechtigkeit widerspricht und nach einem Ausgleich verlangt. Fehlt ein vertraglicher Anspruch auf Herstellung der Gleichgewichtslage, so muß das Gesetz zu Hilfe kommen. Die Rechtsordnung sühnt zunächst subjektives Unrecht des Bereicherten dem Geschädigten gegenüber durch Auferlegung einer Verpflichtung aus unerlaubter Handlung, die zugleich den objektiv rechtswidrigen Zustand ausgleicht. Fehlt es an einem subjektiven Unrecht oder hält die einzelne Rechtsordnung dieses für zu schwach, um eine Verpflichtung darauf zu gründen, so verlangt die „soziale Gerechtigkeit",[1] das „richtige Recht" (Stammler) einen anderen Ausgleich dieser zunächst mit den technischen Mitteln des Rechtes selbst herbeigeführten Rechtslage. Was aber gerecht und billig ist, das ist einheitlich nicht zu beantworten. Die einzelne nationale Rechtsordnung greift hier auf die sozialen und kulturellen Anschauungen des Landes zurück, die wiederum beeinflußt werden durch die Lebens- und Entwicklungsbedingungen der verschiedenen Völker. — So gewährt das Bereicherungsproblem der Rechtsvergleichung besonders tiefen Einblick in die Grundlagen einer fremden Rechtsordnung. Die Rechtsvergleichung erweist zugleich die ganze Problematik des Bereicherungsrechts, das in der Rechtsgeschichte stets äußerst umstritten gewesen und auch in den geltenden Rechtsordnungen nicht befriedigend gelöst ist. Diese Problematik beruht auf der eigenartigen Funktion des Bereicherungsanspruches, der wegen seines stark ethischen Gehaltes stets droht, das Rechtssystem durch übermäßige Ausdehnung zu durchbrechen, wo er nicht umgekehrt allzu stark unterdrückt wird. Die Rechtsgeschichte liefert für dieses Schwanken deutlichen Beweis. Im übrigen wird die Funktion

[1] Gierke: Deutsches Privatrecht, Bd. III, S. 995.

des Bereicherungsanspruches in den einzelnen Rechtsordnungen auch durch deren konstruktiven Aufbau beeinflußt. Die Grundprobleme sind jedoch weitgehend allen Rechtsordnungen gemeinsam.

Noch heute nicht einwandfrei geklärt erscheint Ursprung und Bedeutung des Bereicherungsanspruches im römischen Recht. Als eine erst unter weiter entwickeltem Handels- und Rechtsverkehr auftauchende Rechtsfigur ist ein Anspruch aus ungerechtfertigter Bereicherung in unserm Sinne dem alten römischen Recht fremd. Die Anfänge solcher Ansprüche aus ungerechtfertigtem Haben scheinen sich aus Deliktsrecht entwickelt zu haben[1] (bei Diebstahl oder Erlangung aus anderm unsittlichem Grunde). Aus dem, der primitiven Rechtsordnung zunächst näher liegenden, Gedanken der Sühne erlittenen Unrechts bildet sich allmählich das objektive Moment des Ausgleichs eingetretener Wertverschiebung heraus. Dieser Entwicklung am nächsten steht die condictio furtiva, das anscheinend älteste Bruchstück eines Bereicherungsanspruches auf Grund deliktischen Tatbestandes. Daneben haben sich einzelne andere Ansprüche aus ungerechtfertigtem Haben herausgebildet. Ihr Ursprung ist ebenfalls wenig geklärt. Der älteste scheint wie in den meisten Rechtsordnungen als der praktisch wichtigste der Anspruch auf Rückforderung einer Nichtschuld gewesen zu sein.

Die Sabinianer erwähnen neben dem mutuum, der auf Realobligation beruhenden formlosen Darlehnsverpflichtung, die Verpflichtung, die auf den Empfang einer Nichtschuld gegründet sei.[2] Für beide Ansprüche wird die condictio gegeben. Die condictio war ursprünglich eine Prozeßformel, die bei Klagen auf Herausgabe einer bestimmten Quantität Geldes oder anderer vertretbarer Sachen (dare oportere) ohne Angabe des Schuldgrundes verwendet wurde.[3] Diese Aktionsform, die auf ein certum ging, bot gegenüber den bisherigen Aktionen den Vorteil, daß, wenn Geld den Gegenstand der Verurteilung bildete, ohne weiteres die condemnatio auf Geld ging und es einer Umwandlung in eine Geldschuld[4] (quanti ea res est) nicht mehr bedurfte.[5] Wegen dieser größeren praktischen Verwendbarkeit diente die condictio zunächst als Vertragserfüllungsklage bei den auf ein cer-

---

[1] Rabel, Holtzendorff-Kohler, Bd I, S. 470.
[2] Cai. 3, 90.
[3] Seckel-Heumann, 9. Aufl., S. 88.
[4] Vergl. Sohm-Mitteis Wenger, S. 691.
[5] v. Mayr. Condictio, S. 22.

tum gerichteten Darlehnsverträgen, Litteralverträgen und stipulationes certae. Für die Haftung aus Empfang einer Nichtschuld bediente man sich ebenfalls der condictio. Auch hier ging der Anspruch auf ein certum vertretbarer Sachen. Wenn daher die Sabinianer die Haftung aus Empfang eines indebitum mit der aus mutuum zusammenstellen, so beruht dies wohl weniger auf einem dem alten Recht in dieser Allgemeinheit fremden gemeinsamen Gedanken der obligatio ex bono et aequo,[1] als eben auf der erwähnten prozessualen Verbundenheit.[2] Der für unser materiell gerichtetes Rechtsdenken grundlegende Unterschied, daß der Empfang des mutuum auf Vertrag beruht und daher zunächst cum causa erfolgt war, der eines indebitum nicht, fehlt in einer Rechtsordnung, die in Aktionsformen dachte. Ein ähnlicher Vorgang wird im anglo-amerikanischen Recht zu schildern sein (vergl. unten S. 20 ff.). Weitere Einzelfälle einer Haftung aus Empfang einer Leistung ohne rechtlichen Grund kamen im späteren römischen Recht hinzu. Justinian unternahm eine Klassifizierung dieser Fälle und gab damit dem Kondiktionensystem einen rein bereicherungsrechtlichen Charakter. Seinen gefährlichen Versuch, durch Aufnahme einer tatbestandlich unbestimmten condictio generalis neben den einzelnen condictiones das Bereicherungsproblem zu lösen, hat der erste Entwurf zum BGB. wieder aufgenommen. Diese Regelung stieß auf so heftigen Widerspruch, daß sie mit Recht aufgegeben wurde.[3]

Im alten römischen Recht hatte weder die condictio nur Bereicherungsfunktion, noch wurden alle Bereicherungsklagen durch condictiones erschöpft. Bereicherungsrechtlichen Charakter hatte daneben vor allem die aus der actio de peculio heraus entwickelte actio de in rem verso; sie diente zum Ausgleich des Vermögenszuwachses, den der dominus auf Kosten des Drittkontrahenten dadurch erlangt hatte, daß dessen Leistung aus dem Geschäft mit dem Sklaven nicht dem peculium, sondern unmittelbar dem Vermögen des dominus zugute kam (z. B. Bezahlung seiner Schulden durch Darlehn des Dritten). Die actio de in rem verso gab dem Dritten die Klage auf Herausgabe der empfangenen Bereicherung unmittelbar gegen den Herrn. Ob dessen Haftung auf ungerechtfertigter Bereicherung oder auf Abtretung des natura-

---

[1] So Gérota, S. 44.
[2] Vergl. Rabel, a. a. O., S. 459.
[3] Vergl. Planck-Landois. 4. Aufl., Vorbem. 2a vor § 812.

len Regreßanspruches des Sklaven aus seiner Geschäftsführung beruht,[1] mag hier dahingestellt bleiben. Jedenfalls ging sie auf Herausgabe der Bereicherung und war ihr Ziel der Ausgleich eines ungerechtfertigten, mit den bisherigen Rechtsbehelfen nicht zu erfassenden Vermögensvorteils.

Im ganzen erscheint die Bedeutung des Bereicherungsgedankens im römischen Recht nicht recht geklärt. Der später auf Grund einzelner Digestenstellen zu so hoher Bedeutung gelangte Satz des: neminem locupletari alterius damno war jedenfalls im römischen Recht nicht Grundlage eines allgemeinen Bereicherungsanspruches.[2]

Das alte deutsche Recht kannte die Bereicherung als zusammenfassenden Rechtsbegriff nicht. Einzelne Fälle einer Rückforderung nicht geschuldeter Leistungen scheinen indessen anerkannt gewesen zu sein.[3]

Einen gewaltigen Antrieb erhielt der Bereicherungsgedanke viele Jahrhunderte später durch naturrechtliche Anschauungen, die sich des dem Bereicherungsanspruch zugrunde liegenden Rechtsgedankens (Auflehnung der Gerechtigkeit gegen die Härten des Rechtssystems) bemächtigten. Die actio de in rem verso wurde das technische Mittel, dessen man sich weit über ihr Anwendungsgebiet im römischen Recht hinaus bediente, um dem Bereicherungsgedanken eine umfassendere Funktion zu geben. Sie steht nunmehr im Dienste des allgemeinen, im preußischen ALR. (I, 13, § 262—280) verankerten Prinzips, daß niemand sich zum Schaden eines andern bereichern dürfe. Im gemeinen Recht wird die actio de in rem verso zeitweise zum allgemeinen Rechtsbehelf für die Erstattung einer zum Schaden eines anderen gewonnenen Bereicherung.[4]

Von den neueren Kodifikationen kennt nur noch das österreichische ABGB. die actio de in rem verso als solche. Dieses Gesetzbuch schenkt dem Bereicherungsgedanken, wohl infolge der naturrechtlichen Richtung seines Verfassers, des Kantschülers Zeiller, große Beachtung, zersplittert ihn jedoch, indem es einerseits in den §§ 1041 ff. einen in seiner Bedeutung noch heute heftig umstrittenen[5] Anspruch aus nützlicher Verwendung

---

[1] Vergl. v. Tuhr, actio de in rem verso, S. 3.

[2] Windscheid-Kipp, 9. Aufl., § 421, Anm. 1.

[3] Vergl. Gierke, a. a. O., III., S. 993.

[4] Vergl. Dernburg, Pandekten, 8. Aufl., S. 568, Anm. 18, Gierke, a. a. O., S. 994.

[5] Vergl. Swoboda, S. 32 ff.

(actio de in rem verso) gibt und unabhängig davon in den §§ 1431 ff. eine Reihe einzelner Ansprüche aus ungerechtfertigter Bereicherung regelt (condictio indebiti usw.). In welcher dieser Bestimmungen der eigentliche Bereicherungsgedanke sich verkörpert und in welchem Umfange, ist immer noch umstritten.

Hat das ABGB. das Bereicherungsrecht unbefriedigend geregelt, so fehlt eine gesetzliche Lösung in den romanischen Rechtsordnungen nahezu völlig. Der französische code civil behandelt eine Reihe einzelner, das Bereicherungsproblem berührender Fälle in verstreuten Einzelbestimmungen. Neben verschiedenen Einzelfällen (z. B. Ersatz von Verwendungen nach Bereicherungsgrundsätzen in den art. 548, 554 ff., Ausgleichsansprüche unter Ehegatten in art. 1433) ist vor allem die condictio indebiti geregelt, die als der praktische wichtigste Bereicherungsfall stets am ersten Beachtung findet (art. 1376 ff. code civil, ebenso §§ 1145 ff. codice civile). Dieser Regelung schließen sich auch die übrigen romanischen Rechtsordnungen an.[1] Das Bereicherungsproblem wird in den romanischen Rechten durch die allgemeine Klausel erschwert, wonach eine „*obligation sans cause, our sur fausse cause ou sur une cause illicite*", keine Wirkung hat (vergl. art. 1131 code civil, § 1119 codice civile, art. 1261 codigo civil). Diese Bestimmung ist überwiegend dahin ausgelegt worden, daß bei Leistungen ohne rechtlichen Grund der Empfänger kein Eigentum erwerbe, daher die Vindikation, nicht die Kondiktion Platz greife.[2] Diese Frage und ihre Bedeutung für das Bereicherungsrecht (Scheidung zwischen abstraktem und kausalem Geschäft) soll hier nicht näher erörtert werden (vgl. unten S. 137 ff.). Jedenfalls hat sich auch in den romanischen Rechtsordnungen der Bereicherungsgedanke mehr und mehr durchgesetzt und über die unzulängliche Gesetzesregelung hinaus zu der Herausbildung einer Bereicherungsformel geführt, die sich der des § 812 BGB. sehr nähert.[3]

---

[1] Vergl. Gérota, S. 63, Anm. 2.

[2] Ruggiero, S. 450, Anm. 1, Neuner Rhein Z., 1924, S. 52.

[3] Vergl. für Frankreich die Rechtsprechung der *Cour de Cassation* (bei Gérota, S. 64, Anm. 3): „... *une personne se trouvant sans cause légitime enrichie aux dépens de celui d'une autre personne*". Ähnlich auch eine italienische Entscheidung (Venezia, Mon. Trib., 1928, S. 778): „... *Perché possa esperirsi l'azione di indebito arricchimento ... le seguenti condizioni ...* b) *impoverimento dell'attore,* c) *arrichimento del convenuto,* d) *rapporto diretto tra l'impoverimento e l'arricchimento,* e) *mancanza di giustificazione ...*" Hier finden sich fast wörtlich die Tatbestandsmerkmale des § 812 wieder.

Die bisher umfassendste Regelung des Bereicherungsrechtes gibt das deutsche BGB. in den §§ 812 ff. und die ihm folgenden Rechtsordnungen. (Siehe Schweizer Obligationenrecht, Art. 62 ff. usw.) Wieviel Probleme auch hier ungelöst bleiben, hat die seitherige Rechtsentwicklung gezeigt.

Nicht nur im Rahmen des großen rechtsgeschichtlichen und rechtsvergleichenden Problems der Bereicherung, sondern zugleich als Beitrag zur Entwicklung des englischen Privatrechts von hoher Bedeutung ist das Studium des anglo-amerikanischen Rechts.

Neben das primitive System der starren und strengen, in wenigen Aktionen formulierten Normen des alten Privatrechts, das „common law", tritt mit dem Wachsen des Verkehrs ein immer größerer Kreis von Billigkeitssätzen, die „equity". Die Rechtssätze der equity wurden dadurch gebildet, daß die königliche Kanzlei, die chancery, die an die Präjudizien des common law gebundenen Entscheidungen der Gerichte durch Gewährung neuer, selbständiger Rechtsbehelfe milderte. Wo die Entscheidung des Gerichtes unbillig erschien, da griff die chancery rechtsschöpferisch ein, zunächst durch Milderung des Ergebnisses im Einzelfall. Allmählich schlug sich in einem schnell wachsenden System von equity-Sätzen das Ergebnis der fortschreitenden Kultur- und Rechtsanschauungen nieder. Mit zunehmender Verkehrsentwicklung drohte die Führung in der Fortbildung der Rechtsprechung immer mehr auf die chancery überzugehen; denn der wachsende Handelsverkehr forderte ein elastischeres und feiner durchgebildetes Recht, als es die alten Klageformeln verkörperten. Dies führte die common law-Gerichte zu allmählicher Ausdehnung der alten Klageformeln, deren Form allmählich mit anderem Inhalt gefüllt wurden. Nach und nach wurde das ganze Privatrecht im Geiste der equity gestaltet. Diese Entwicklung vollzog sich aber in einem ständigen Wettstreit zwischen den common law- und den Equitygerichten. Diesem die englische Rechtsentwicklung beherrschenden Dualismus hat erst der englische Judicature Act von 1873 ein Ende gesetzt, der die primäre Anwendung des Equity-Rechts in jedem Verfahren vorschrieb; in Amerika wirkt der Zwiespalt teilweise noch heute fort. Eines der wichtigsten Kapitel in dieser Geschichte ist die Entwicklung des Bereicherungsgedankens. Es gelang den common law-Gerichten, diesen seinem innersten Wesen nach zur Billigkeit gehörenden Rechtsgedanken in der Hauptsache in das

System des common law zu bannen. Aber die prozessualen Schranken des Aktionensystems, die das common law beherrschten, haben die Entwicklung des angelsächsischen Bereicherungsrechtes entscheidend beeinflußt. Der Bereicherungsanspruch ist nicht als zentrales Problem erfaßt und von hier aus, wie im deutschen Recht, in einzelnen Tatbeständen geordnet worden. Von den einzelnen Klageformen, den Aktionen aus, haben sich, wie das angelsächsische Privatrecht im ganzen,[1] so auch die Normen des Bereicherungsrechts entwickelt. Die Verschiedenheit der Klagebegehren verhinderte vielfach die Bildung gemeinsamer materieller Normen, mochte auch der Anspruchsgrund der gleiche sein. Wie in neuerer Zeit mit der Zurückdrängung der Vorherrschaft des prozessualen zugunsten des materiellen Rechtes[2] und der Überwindung der einzelnen Aktionsformen die derart historisch bedingten Entwicklungslinien zusammenstreben, wird die Arbeit im einzelnen zu zeigen versuchen.

Das alte englische Privatrecht kennt keine Bereicherungshaftung. Anscheinend entdeckte erst Bracton im 13. Jahrhundert bei seinem Versuch einer Systematisierung des englischen Privatrechts[3], daß eine Reihe wichtiger Rechtsverhältnisse in das Schema der Vertrags- und Deliktsklagen nicht einzuordnen waren. In dem Bestreben, für die große Anzahl verschiedenartiger Rechtsverhältnisse, die eine Regelung erforderten (Vertretung ohne Vertretungsmacht, Auseinandersetzung einer Gesellschaft, Erbschaftsteilung, Rückforderung von Nichtschulden)[4] einen Sammelbegriff zu finden, griff Bracton auf die in den Römischen Quellen enthaltenen Kategorie der Schuldverhältnisse „quasi ex contractu" zurück, der auch im Römischen Recht nur die Bedeutung einer zusammenfassenden Bezeichnung zukam. Bracton übernahm den Begriff der quasi-contracts in sein System, mit dem Bemerken, daß für alle die oben erwähnten Rechtsverhältnisse Klagen aus q. c. gewährt werden müßten. — Dieser erste Versuch blieb jedoch ohne praktische Bedeutung in einem Rechtssystem, das noch keine geeignete Aktionsform zur Geltendmachung der in Frage stehenden Ansprüche kannte.[5] Erst als die Bedürfnisse des wachsenden Handelsverkehrs ela-

[1] Vergl. Heymann, S. 300.
[2] Heymann, a. a. O.
[3] De legibus et consuetudinibus Angliae.
[4] S. Bracton, a. a. O., III., 2, § 10 folgende.
[5] Vergl. Page, § 1494.

stischere Aktionsformen entwickelten, wurden die quasi contracts zu neuem Leben erweckt. Im alten englischen Recht vollzog sich, wie im römischen Recht, die Rechtsentwicklung von den Aktionen aus.[1] Dies gilt auch für das Bereicherungsrecht, das eng mit der Entwicklung einer Aktionsform, der Action of assumpsit, verbunden ist. Erst in neuester Zeit tritt das prozessuale gegenüber dem materiellen Recht zurück.

Die wichtigsten Aktionen des alten englischen Privatrechts trugen ursprünglich Deliktscharakter,[2] um in allmählicher Entwicklung auf Vertragstatbestände Anwendung zu finden. Unter den Vertragsklagen war die älteste die aus einem Realvertrage (Darlehen) entspringende Action of Debt. Hier war Voraussetzung, daß der Kläger eine Leistung erbracht hatte. Die außerordentlich strengen Anforderungen an die Behauptungs- und Beweislast des Klägers bei diesem Prozeß[3] führten schließlich zur Anwendung einer elastischeren Klage, der Action of assumpsit. Die Entwicklung dieser Klageform zeigt, wie unter dem Einfluß der Notwendigkeiten des Wirtschaftsverkehrs allmählich eine Prozeßform ihrer ursprünglichen Bedeutung entkleidet wird und eine völlige Strukturwandlung erleidet. Daß an der Form als solcher festgehalten wird, entspringt der Traditionsgebundenheit des konservativen angelsächsischen Volkscharakters. Das Zusammenwirken dieser Elemente ergibt die Eigenart angelsächsischer Rechtsentwicklung.

Die Action of a. war zunächst ein Sonderfall der action on trespass, einer Deliktsklage, die auf Schadenersatz bei unerlaubter Verletzung verschiedenster Rechtsgüter ging. Trespass on the case of assumpsit behandelte den Fall, daß jemand einem ausdrücklichen Versprechen zuwider handelte.

So ein Fährmann, der das Pferd eines Anderen, dessen Übersetzen er versprochen hat, infolge Überlastung des Fährbootes untergehen läßt, oder ein Hufschmied, der das Pferd eines Anderen durch ungeschicktes Beschlagen verletzt.[4] Wenn hier die Schadensersatzhaftung auf express assumpsit gestützt wird, so ist dies zunächst eine, durch das Verkehrsbedürfnis geforderte Ergänzung der Deliktshaftung. Der alten Rechtsauffassung widerstrebte es, Haftung aus Tort anzunehmen, wenn der

[1] Heymann, S. 338.
[2] Heymann, a. a. O
[3] Ames, S. 284, Heymann, S. 329.
[4] Y. B. 46 Ed. III, 6 pl. 11.

Eigentümer der untergegangenen, bezw. beschädigten Sache mit dem Schädiger in vertraglicher Beziehung stand.[1] Wenn nun auch die neu geschaffene Haftung aus assumpsit zunächst noch als deliktisch mit allen zivilrechtlichen Folgen (Unvererblichkeit usw.) aufgefaßt wurde,[2] so stand sie doch schon eng mit einem Vertragstatbestand in Verbindung und bedeutete materiell die Auferlegung einer Haftpflicht für schuldhafte Vertragsverletzung. Die weitere Entwicklung des Anwendungsgebiets der action of a. wird durch zwei Momente bestimmt: einerseits durch die Ausdehnung der Haftung aus a. auf die Fälle, wo ein Versprechen nicht durch Zuwiderhandeln, sondern durch bloßes Unterlassen gebrochen wurde[3] (etwa statt Übertragung des versprochenen Grundstücks an einen Dritten nur Unterlassung der Übertragung an den Versprechenempfänger) andererseits durch die Anerkennung einer Haftung auch aus „Implied assumpsit", d. h. aus stillschweigendem Versprechen, das aus den Umständen zu entnehmen war. Beide Erweiterungen wurden durch das Bestreben der common law-Gerichte gefördert, nicht die ganze Rechtsfortbildung den an Bedeutung wachsenden königlichen Kanzleigerichten (chancery) zu überlassen, die nach Billigkeit entschieden und überall da eingriffen, wo das common law versagte. Die erwähnten Erweiterungen schufen nämlich die Möglichkeit, einerseits Schadenersatz auch bei bloßer Nichterfüllung zu verlangen, anderseits einen Anspruch in den zahlreichen Fällen des täglichen Lebens geltend zu machen, wo Arbeiten ohne Vereinbarung einer bestimmten Vergütung, jedoch in stillschweigender Einigung über eine angemessene Gegenleistung ausgeführt waren. Seit Anfang des 17. Jahrhunderts gewährten hier die common law-Gerichte die action of a. auf ein „quantum meruit", d. h. auf eine angemessene Wertvergütung für die erbrachte Arbeit, eine Erweiterung, die durch die Anerkennung des „implied assumpsit" erst möglich geworden war. Statt des Versprechens der Zahlung des vereinbarten Preises wurde jetzt das einer angemessenen Vergütung aus den Umständen entnommen. Hier wird der Charakter der action of a. als reiner Schadensersatzklage aufgegeben. Der Wert der Arbeit wird verlangt und dadurch der Übergang zu der späteren Änderung des Klagebegehrens auf die Bereicherung ge-

---

[1] Ames, Legal History, III, S. 261.

[2] Ames, a. a. O., S. 263, 267; Walsh, S. 416.

[3] Ames, S. 273.

schaffen. Damit wurde zugleich die action of a. über die action of debt und die römische condictio hinaus auf das Verlangen eines incertum gewährt.

Voraussetzung war nur immer, daß dem Leistungsversprechen eine Gegenleistung als Äquivalent gegenüberstand. War diese vorhanden, so wurde schließlich aus der bloßen, auch stillschweigenden Vertragsvereinbarung als solcher das „assumpsit" (Versprechen) zu leisten abgeleitet und als Schadensersatz der Gesamtbetrag der versprochenen Leistung angesehen.[1]

Diese Entwicklung ergab also eine Reihe verschiedener Anwendungsformen der action of assumpsit, nämlich Haftung aus

1. Special assumpsit (Schuldbegründendes Schuldversprechen.) Älteste Form.

2. General assumpsit

a) indebitatus assumpsit (Schuldanerkenntnis, später jede vertragliche Schuld ohne ausdrückliches Versprechen);

b) quantum counts (quantum meruit und quantum valebant) — Zahlung der angemessenen Vergütung für Arbeiten.

Schließlich wurde die action af a. allgemein zur Schadensersatzklage bei Verträgen, damit zugleich Surrogat der Erfüllungsklage im englischen Recht.[2]

Die letzte, größte Strukturwandlung bildete nun die Ausdehnung der action of indebitatus assumpsit auf die immer stärker nach einer Lösung drängenden Fälle der quasi contracts. Diese bedeutsame Fortbildung geht bis auf einige frühere Ansätze[3] im wesentlichen auf einen der berühmtesten Richter Englands, Lord Mansfield, zurück, der 1760 in der Entscheidung Moses v. Macferlan[4] die Grundlage für die Verankerung der quasi contracts, hauptsächlich der bereicherungsrechtlichen Fälle in das System des common law schuf. Der Tatbestand war folgender:

Moses hatte einen Wechsel an Macferlan indossiert, unter der ausdrücklichen Vereinbarung, daß dieser ihn aus der Urkunde nicht in Anspruch nehmen würde. Als Macferlan ihn dennoch aus dem Wechsel verklagte und Moses auch vom Court of Conscience (einem für kleine Schuldbeträge zuständigen, nicht mehr bestehenden Gericht) verurteilt wurde, da

---

[1] Grundlegend Slades Case, 4 Cokes Rep., 92 b, 94 b.
[2] Vergl. Heymann, S. 329.
[3] Vgl. Ames, Lectures on Legal history, S. 164
[4] 2 Burrow, 1005, vergl. Scott, Cases, S. 4 ff.

dieses sich nicht für befugt hielt, die Abrede außerhalb des Wechsels zu berücksichtigen, klagte Moses vor der Kings Bench aus indebitatus assumpsit auf Rückzahlung des Geldes. Das Gericht bestätigte zwar die Auffassung des Court of Conscience. Jenes Urteil, das nur über die Verpflichtung aus dem Indossament entscheide, präjudiziere aber nicht der Frage, ob aus anderen Rechtsgründen die Leistung zurückzuerstatten sei. Letzteres bejahte Lord Mansfield und gewährte den Anspruch aus indebitatus assumpsit:

„It the defendant be under an obligation, from the ties of natural justice, to refund, the law implies a debt, and gives this action founded in the equity of the plaintiffs case, as it were upon a contract (quasi ex contractu, as the Roman law expresses it). This species of assumpsit („for money had and received to the plaintiffs use") lies in numberless instances for money the defendant has received from a third person..." „This kind of equitable action, to recover back money, which ought not in justice to be kept is very beneficial, and therefore much encouraged. It lies only for money which ex aequo et bono the defendant ought to refund. .... It lies for money paid by mistake or upon a consideration which happens to fail; or for money got through imposition, or extortion, or oppression or an undue advantage taken of the plaintiffs situation, contrary to the laws made for the protection of persons under those circumstances. In one word, the gist of this kind of action is, that the defendant, upon the circumstances of the case, is obliged, by the ties of natural justice and equity to refund the money."

Hier gibt Lord Mansfield in wenigen Sätzen eine Grundlegung des Systems. Die Aufzählung einer Reihe von Anwendungsfällen gipfelt in dem allgemeinen Prinzip der Verpflichtung „by the ties of natural justice and equity". Durch diese große schöpferische Tat hat Lord Mansfield dem common Law und damit dem ordentlichen Prozeßverfahren ein gewaltiges Gebiet des Billigkeitsrechts gewonnen. Daß das Klagebegehren der action of a. hier auf die Bereicherung, nicht auf Schadensersatz geht, wird nicht besonders hervorgehoben. Jene Strukturwandlung war durch die quantum counts (Wertvergütung) vorbereitet. Klar hebt Lord M. auch hervor, daß die von ihm bezeichneten Verpflichtungen nicht etwa auf stillschweigendem Vertrag beruhten, sondern auf „Natural justice and equity". Das bei der action of a. vorausgesetzte Versprechen wird also hier fingiert. Statt der Parteien gibt die Rechtsordnung das Versprechen. Dieser Vorgang ist für die angelsächsische Rechtsentwickelung charakteristisch. Die konservative Scheu mit alten Formen zu brechen, führt zu einem Übergewicht der formalen Rechtsbehelfe über das materielle Recht.[1] Das fortschreitende Recht wird in die alten Formen gezwängt, und letztere so allmählich ihrer ursprünglichen Bedeutung entkleidet.

Die Anpassung der quasi contracts an eine bestimmte Aktionsform einerseits, die Wahl der action of a. als actio anderseits, haben die materiellrechtliche Entwicklung der q. c. in vielfacher Richtung beeinflußt. Zunächst hat der Gedanke der Fiktion eines vom Gesetz geschlossenen Vertrages Verwirrung hervorgerufen. Bald nämlich beachteten viele Gerichte nicht mehr, daß die Fiktion der „promise implied in law" doch nur dazu dienen sollte, um den Anspruch in das Aktionensystem einzuordnen. Man sprach nur noch von „implied promise".[2] Dies verwischte den Unterschied zwischen den eigentlichen „implied contracts", den durch konkludente Handlungen abgeschlossenen Verträgen und den „contracts implied i n l a w", wo ohne Beurteilung des Parteiwillens nur die Rechtsordnung Pflichten auferlegt.[3]

Bis in die neueste Zeit werden daher immer wieder Ansprüche abgelehnt, die auch die erkennenden Gerichte als gerecht anerkennen, nur weil aus dem Willen der Parteien ein solcher Anspruch nicht abzuleiten sei und das Gericht nicht für die Parteien Verträge schließen könne. Ein Beispiel: Bei rechtswidriger, unerlaubter Verfügung über fremdes Eigentum hat der Geschädigte das Recht, wahlweise anstatt auf Schadensersatz mit der Deliktsklage auf Herausgabe des Erlöses (bei Verkauf) bezw. des Wertes (bei Verbrauch) mit der action of a. zu klagen. Assumpsit gründet sich hier auf einen „count for goods sold and delivered", d. h. es wird fingiert, daß der Kläger die entwendete Sache an den Beklagten verkauft habe und nun den Kaufpreis verlange. In Terry v. Munger[4] war der geschädigte Eigentümer in dieser Weise gegen einen von zwei Mittätern vorgegangen, die seine Sache unerlaubt veräußert hatten. Nach fruchtloser Vollstreckung klagte er auf Schadensersatz aus unerlaubter Hand-

---

[1] M a i t l a n d, Equity, S. 295 ff.
[2] So z. B. B l a c k s t o n e, 2 Bl. Comm., 443.
[3] Vergl. hierüber eingehend K e e n e r, S. 7 ff.
[4] (1890) 121 N. Y. 161, bei W o o d r u f f, S. 595.

lung gegen den anderen. Das Gericht wies ihn ab, da die Klage gegen den ersten Mithelfer auf Verkauf gegründet sei. Habe der Kläger sich aber einmal auf diesen Standpunkt gestellt, so sei es ausgeschlossen, den gleichen Vorgang jetzt als rechtswidrige Entwendung zu behandeln.

„*The Plaintiffs having, by their former action, in effect sold this very property, it must follow that .... no cause of action for conversion is in existence against the defendant herein.*“

Die rein prozeßtechnische, durch die begrenzten Klagebegehren der action of a. verursachte Fiktion eines Verkaufs wird hier als Wirklichkeit behandelt. Nicht etwa ist die Rechtskraft der Feststellung des ersten Urteils für das Gericht entscheidend. Es lehnt deren Heranziehung ausdrücklich ab. Das Ergebnis, daß nicht erst mit der Befriedigung, sondern mit der Klage gegen den Einen die Haftung des Anderen erlösche, ist unbillig. Die Begründung beruht auf einer Verwechslung des Rechtsgrundes des Anspruches mit der Form seiner Geltendmachung. Mit Recht hat daher Keener[1] das Urteil scharf kritisiert: „*The use of the fiction should cease with the necessity which gave rise to it; and when used it should be recognised as a fiction and treated as a fact only for the purpose for which it was invented*“. — Erst mit dem Beginn einer wissenschaftlichen Zusammenfassung wird später — wenigstens in Amerika — diese Fehlerquelle bekämpft.[2] Indessen leiden auch neuere, vor allem englische Entscheidungen, noch unter dem Mangel der Scheidung von Fiktion und Wirklichkeit (vergl. unten S. 87 ff.).

Eine weitere wichtige Auswirkung des Aktionensystems liegt in folgendem: Bestimmte Aktionsformen zerlegen ein für den späteren zusammenfassenden Betrachter zusammenhängendes Rechtsgebiet in einzelne Ansprüche. Die gemeinsamen materiellrechtlichen Grundlagen treten zurück. Umgekehrt liegt wohl die Hauptbedeutung der Zusammenfassung der Tatbestände aus ungerechtfertigter Bereicherung in § 812 des deutschen BGB. eben in der Zurückführung der einzelnen Ansprüche auf den gemeinsamen Grundgedanken, mag man im übrigen die Formel des § 812 materiell-rechtlich als einheitlichen Tatbestand ansehen oder nicht. Das anglo-amerikanische Recht kennt nur einzelne Klagen mit

---

[1] S. 211.

[2] Vergl. z. B. neuestens National Malleable Castings Co. v. Iroquois S. a. I. Co. 165 NE 199 (1929) (Ill.); Hering v. Donato 93 Pa. Super Ct. 9 (1929).

bestimmten Klagebegehren, z. B. auf Geldleistungen (Rückforderung von Nichtschulden = count for money had and received), Erstattung des Wertes von Dienst- und Werkleistungen (quantum meruit) usw. Die vielfachen Folgerungen, die sich hieraus ergeben, werden im Einzelnen aufgezeigt werden. Sie liegen vor allem in den Schwierigkeiten, die die enggezogenen, auf ein concretum gehenden Aktionsformeln einer Erweiterung und Vergeistigung des Bereicherungsbegriffes (Anwartschaftsrechte, Scheinrechtsstellungen, Befreiung von Verbindlichkeiten als Gegenstand der Bereicherung) entgegensetzten. Charakteristischerweise versucht man auch heute noch, diese durch die Rechtsentwicklung geforderten Erweiterungen, soweit man sie gewährt, durch Anknüpfung an die alten Aktionstatbestände zu konstruieren. So etwa die durch Einlösung eines ungedeckten Schecks infolge Befreiung von der Verbindlichkeit erlangte Bereicherung durch die Figur des Quasi-Darlehns (vergl. unten S. 62).

Die Anwendung gerade der action of assumpsit hat ferner die schwerwiegende Folge einer Zersplitterung des Bereicherungsrechts in die beiden Rechtssysteme des common law und der equity gehabt. Die action of assumpsit nämlich ging, wie oben geschildert, auf Zahlung einer Geldsumme als Schadensersatz auf Grund eines ursprünglich notwendig ausdrücklichen, später auch stillschweigenden Schuldversprechens. Bezgl. des Klagebegehrens erweiterte sich allmählich ihr Anwendungsgebiet. Ursprünglich mußte die verlangte Geldsumme versprochen worden sein. Dies ermöglichte später prozeßtechnisch ohne weiteres die Verwendung für die condictio indebiti. Dann wurde assumpsit in beschränktem Umfange auch für Klagen auf Wertersatz zugelassen, nämlich für Ersatz des Wertes von im Irrtum über eine Verpflichtung erbrachten Dienstleistungen. Die Zulassung dieses Klagebegehrens hat zu einer Verwirrung des Begriffs der Bereicherung geführt, die auch heute noch ihre Wirkungen äußert (vgl. unt. S. 58 ff.). Nach anfänglichem Widerstand[1] konnte schließlich auch das aus einer unerlaubt widerrechtlichen Veräußerung erlangte Geld mit assumpsit verlangt werden. Hierdurch wurde waiver of tort möglich, d. h. die Herausgabe der Bereicherung anstatt des Schadens aus unerlaubter Handlung. Andererseits wurde für die Herausgabe des Wertes zu Unrecht verbrauchter

[1] Lord Holt (1696) bei Ames, S. 163.

Sachen, offenbar aus rein formalen Gründen,[1] keine action of assumpsit gegeben. Hier etwa blieb die Entwicklung stehen. Eine Bereicherungshaftung auf bestimmte Sachen blieb dem common law, infolge des Charakters der action of a. als Schadens- und Wertersatzklage fremd. Erst in neuester Zeit erhob sich mit dem Verschwinden der Aktionsformen und der Herausarbeitung der Grundsätze des materiellen Rechts vereinzelt die Frage,[2] warum nicht auch andere Werte als Geld nach den gleichen Grundsätzen herausverlangt werden könnten (vgl. unten S. 140).

Auf der anderen Seite entwickelte sich eine Bereicherungshaftung im Billigkeitsverfahren vor der Chancery aus dem ganz verschiedenen Gesichtspunkt des Trustrechts. Das Wesen des Trustverhältnisses beruht auf der treuhänderischen Verwaltung bestimmter Vermögensgegenstände, für einen anderen. Voraussetzung ist also, wie auch in der Lehre des Trustrechts betont wird,[3] „property", d. h. eine Sache oder ein Sachinbegriff, nicht Leistungen aller Art; ferner „specific property", d. h. nicht gattungsmäßig, sondern individuell bestimmtes Eigentum als Substrat des Trustverhältnisses. Diese „property" ist mit dem equitable title belastet und bis in die Hände von Dritten verfolgbar. Entsprechend liegt das Hauptanwendungsgebiet der constructive trusts in der außervertraglichen Haftung bei unbeweglichem Vermögen und bei beweglichen Sachen, die als species geleistet sind.

Diese beiden Bereicherungshaftungen haben sich hauptsächlich infolge des Dualismus von Verfahren vor den ordentlichen Gerichten (quasi contracts) und Verfahren vor der chancery (trusts), voneinander völlig unabhängig, entwickelt. Auch heute noch versucht die Wissenschaft kaum eine Verbindung. Praktisch hat sich die Hauptentwickelung des Bereicherungsgedankens im System der quasi contracts vollzogen. Die wichtigsten Bereicherungsfälle, hauptsächlich die Rückforderung von Geldleistungen, fielen in das Anwendungsgebiet der quasi contracts. Inwieweit die Zweiteilung des Bereicherungsrechts noch heute von Bedeutung ist, darüber vgl. unten § 21.

Trotz Lord Mansfields schöpferischer Entscheidung in Moses v. Macferlan wurden die q. c. noch weit über ein Jahrhundert lang in keiner Weise ihrer Bedeutung entsprechend gewürdigt, wenn auch in steigendem Maße von der Gerichtspraxis

---

[1] Ames, S. 165.
[2] Ames, S. 164/165; Williston, § 1575.
[3] Bogert, S. 42.

aufgegriffen. Im Anschlusse an Lord Mansfield verwerteten einzelne Wissenschaftler, Austin, Maine, auch Adam Smith in seinen „Lectures on Justice, Police Revenue and Arms (1763), den Begriff der quasi contracts. Erst 1888 aber wies der Amerikaner Ames[1] auf die gewaltige Bedeutung des noch völlig unerschlossenen, unter diesem Sammelbegriff verborgenen Rechtsgebiets hin. Die wissenschaftliche Grundlegung des Systems gaben dann ebenfalls Amerikaner, nämlich Wigmore[2] 1891 durch eine vorbereitende Studie und vor allem Keener 1893 durch eine meisterhafte Darstellung des ganzen Systems. Seitdem hat sich in Amerika eine im wesentlichen auch von den Gerichten im Anschluß an die Wissenschaft befolgte Lehre des Quasikontraktrechts entwickelt, unter Zugrundelegung der seit Lord Mansfield auf diesem Gebiete ergangenen Entscheidungen. In England gibt es bis heute noch keine wissenschaftliche Bearbeitung des Gebietes, ja noch kaum eine Zusammenfassung der Grundgedanken. Das materielle Recht, in eine Fülle von Einzelansprüchen aufgelöst,[4] deckt sich, abgesehen von einigen zu besprechenden positiv-rechtlichen Ausnahmen und einer zum Teil anderen Auffassung der Probleme im ganzen mit dem amerikanischen Recht.[5]

Das Recht der quasi-contracts gehört zu den allgemeinen Lehren des Schuldrechts. Seine Quelle ist daher noch heute das common law, das ungeschriebene, durch Gerichtsentscheidungen entwickelte Recht. Dies gilt für England und für die Vereinigten Staaten von Amerika mit Ausnahme der sechs Staaten, die ihr Privatrecht kodifiziert haben.[6] In diesen ist das geltende Recht nur aus dem Code zu entnehmen. Andere Staaten haben zwar auch sogenannte Codes; diese aber bestimmen die Weitergeltung des common law, so weit es nicht im einzelnen ausdrücklich ausgeschlossen ist. — Bis auf die Frage der Bedeutung des Rechtsirrtums für

---

[1] Vergl. die Zusammenstellung bei Scott, S. 1—18.

[2] History of Assumpsit, 2 Harv. L. R., S. 63.

[3] Summary of quasi-contracts, 25 Amer. L. R., 695 ff.

[4] Vergl. z. B. Deutsch-Engl. Gem.SchGH. i. JW. 1926, 2865.

[5] Vergl. z. B. Jenks, Digest, II, S. 315—325 und neuestens die kurze Zusammenstellung „Recovery of money paid" im Law Journal 1929, Septemberheft, S. 183; über die Rückforderung irrtümlicher Geldzahlungen, auch Jenks-Schirrmeister, I, § 91. Diese umfassende Darstellung des englischen bürgerlichen Rechts ist bis zu den quasi-contracts im ganzen noch nicht gelangt.

[6] California, Georgia, Louisiana, Montana, North-Dacota, South-Dacota.

die Rückforderung nicht geschuldeter Leistungen regeln die Kodifikationen das Quasikontraktrecht fast garnicht, sodaß entweder durch Auslegung der Gesetze mit Hilfe des common law oder durch dessen direkte Anwendung wiederum auf die Gerichtspraxis zurückzugreifen ist. Diese ist innerhalb der Vereinigten Staaten in den Grundzügen die gleiche. Wo die Praxis einzelner Staaten von der herrschenden abweicht, wird dies im einzelnen hervorgehoben werden.

II. Die Bereicherungshaftung aus Quasi-contract.

§ 2.

Die zunehmende Erkenntnis der rechtlichen Eigenart der quasi c. führt in neuerer Zeit zu einer allmählichen Reinigung und Beschränkung des Systems auf die Fälle einer ungerechtfertigten Bereicherung. Mit Recht scheidet Woodward[1] zwei Gruppen von Fällen aus, die Keener[2] noch zu dem System zählt, deren Einreihung in die q. c. sich aber nur historisch erklärt, nämlich aus der Verwendung der quasi-contracts als Sammelbecken für die innerhalb der contracts und der torts nicht unterzubringenden Fälle (vergl. oben S. 19):

a) Gesetzliche Verpflichtungen,

b) Judikatsschulden.

Die gesetzlichen Verpflichtungen (statutory liabilities), d. h. Verpflichtungen aus geschriebenen Gesetzen, z. B. Zollabgaben, Lotsengebühren etc., haben mit den eigentlichen q. c. nur die Tatsache der unmittelbaren Auferlegung einer Leistungspflicht durch die Rechtsordnung gemeinsam. Ähnlich begründet die rechtskräftige Verurteilung eine gesetzliche Verpflichtung.[3] (So ist vor allem die Verurteilung durch ein zuständiges ausländisches Gericht die Grundlage für das inländische Vollstreckungsurteil.[4]) Diese beiden Gruppen stehen mit dem Bereicherungsrecht in keinem inneren Zusammenhang.

Eine weitere, bisher von der Spezialliteratur[5] und den Gerichten noch durchwegs zu den q. c. gezählte, wenn auch gesondert behandelte Gruppe bilden die zahlreichen Fälle, in denen

[1] S. 8.

[2] S. 2.

[3] Williams v. Jones (1845) 13 Mees. u. W. 627, bei Thurston, S. 10[10].

[4] Vergl. Lachs in JW. 1929, 3452.

[5] Keener, Woodward, Thurston, Scott, Woodruff.

die vollständige Erfüllung eines gültigen Vertrages unterbleibt und daher nach angelsächsischem Recht die Vertragsklage auf die Gegenleistung nicht durchgreift, so daß nun über das Recht an den schon erbrachten Leistungen zu entscheiden ist. Im deutschen Recht werden diese Ansprüche durch gesetzliche Bezugnahme auf das Bereicherungsrecht dem Vertragsrecht eingegliedert (vgl. §§ 323, Abs. 3, 628, Abs. 1, BGB.). Auch das angelsächsische Recht zählt diese Fälle nur insoweit zum Recht der q. c., als der Anspruch selbst nicht aus dem Vertrage entspringt. Keineswegs aber werden diese Rechtsverhältnisse aus dem Vertragsrecht ganz losgelöst. Es werden folgende Fälle unterschieden:

1. Dem Kläger wird die vollständig Erfüllung ohne sein Verschulden unmöglich.

2. Der Kläger erfüllt den Vertrag nicht vollständig wegen verschuldeter Unmöglichkeit oder sonstigen Vertragsbruchs.

3. Dem Beklagten wird seine Leistung ohne sein Verschulden unmöglich, nachdem der Kläger ganz oder teilweise geleistet hat.

4. Der Beklagte erfüllt schuldhaft den Vertrag nicht, nachdem der Kläger ganz oder teilweise geleistet hat.

In allen diesen Fällen ist der Anspruch selbst außervertraglicher Natur. Materiell aber werden sie von Grundsätzen des Vertragsrechtes, nämlich Unmöglichkeit und Vertragsbruch, beherrscht. Daher scheiden diese Fälle hier aus der näheren Darstellung aus.

Den Mittelpunkt des Quasikontraktrechts als eines durch besondere Normen geregelten Systems bildet das Recht der „payments made under mistake“, deren Tatbestände im wesentlichen denen der condictio indebiti des deutschen Bereicherungsrechts entsprechen. Diese Gruppe, auch praktisch von überragender Bedeutung, zerfällt in zwei Haupttatbestände:

1. Der Kläger hat im irrtümlichen Glauben an schuldbegründende Tatsachen geleistet.

2. Der Kläger hat unter Zugrundelegung der richtigen Tatsachen im Glauben an die Verbindlichkeit eines Vertrages geleistet, der entweder nichtig (void), anfechtbar (voidable) oder wegen Formmangels unverbindlich (unenforceable) ist.

Alle diese Tatbestände werden im deutschen Recht durch den Oberbegriff des fehlenden rechtlichen Grundes, im angelsächsischen Recht durch den der „misreliance“[1] zusammengehalten.

Eine große Reihe von q. c. wird unter dem Gesichtspunkt der Leistung unter Zwang (constraint, duress) zusammengefaßt. Der Zwang kann auf persönlichem Verhalten (Drohung) wie auf sachlichen Umständen (wirtschaftlicher Zwang) beruhen. Er braucht aber nicht ungesetzlich zu sein, sondern kann auch mit Mitteln der Rechtsordnung herbei geführt sein.[2]

Durch das Moment der „misreliance“ werden die Fälle der Verwendung auf fremdes Eigentum denen der irrtümlichen Leistung angenähert. Irrtum über die Rechtsverhältnisse an dem Gegenstand der Verwendung ist auch hier Voraussetzung des Anspruchs. Andererseits betrifft diese Gruppe im Gegensatz zu den bisher genannten den Eingriff in eine fremde Interessen- und Vermögenssphäre. Dadurch ist sie der nun folgenden wichtigen Kategorie verwandt, nämlich den Tatbeständen der negotiorum gestio (intervention in anothers affairs). Dieser Eingriff kann in der Erhaltung fremden Vermögens wie in der Bezahlung fremder Schulden bestehen.

Schließlich erscheint der Anspruch aus q. c. als Wahlrecht neben dem an sich begründeten Schadensersatzanspruch aus unerlaubter Handlung im Kapitel des „Waiver of Tort“. Dann ist seinen materiellen Voraussetzungen nach nur der Deliktsanspruch zu prüfen. Sind diese gegeben, so kann statt des Schadens die vorhandene Bereicherung mit der Klage aus q. c. herausverlangt werden.

Den auch in der anglo-amerikanischen Literatur immer mehr als Kern des Systems erkannten Teil des q. c. bildet das Recht der ungerechtfertigten Bereicherung. Der einzige Anspruch aus ungerechtfertigter Bereicherung, dessen Voraussetzungen klar geregelt sind, ist jedoch bisher der der condictio indebiti. Zu weiteren Ansprüchen aus ungerechtfertigter Bereicherung finden sich besonders in neuerer Zeit eine Reihe von Ansätzen, die im Zusammenhang und Vergleich mit dem System des BGB. dargestellt werden sollen. Im Anschluß daran wird kurz darzulegen sein, welcher innere Zusammenhang zwischen den bereicherungsrechtlichen und den anderen Ansprüchen aus q. c. besteht. Die Darstellung der Bereicherungsnormen, die sich im Recht der constructive trusts entwickelt haben, vervollständigt die Bereicherungshaftung des anglo-amerikanischen Rechts.

---

[1] Wigmore 25 Amer. L. R., 695, 696; Woodward, S. 11/12.

[2] Vergl. dazu unten, S. 132.

Die Arbeit versucht, die Fülle des Rechtsstoffs nach den dem deutschen Juristen geläufigen Gesichspunkten zu ordnen. Eine bloße Besprechung von Fällen nach der Methode der amerikanischen Case-Books würde die Ausarbeitung des Systems und damit die Rechtsvergleichung sehr erschweren.

A. Die condictio indebiti als Ausgangspunkt einer Bereicherungshaftung.

§ 3.

„The recovery of money paid under mistake is one of the most striking illustrations of the equitable nature of quasi-contractual obligations, where the liability rests upon the doctrine of unjust enrichment.“[1]

Eine im Glauben an das Bestehen einer erloschenen Verbindlichkeit geleistete Zahlung kann zurückgefordert werden.... *„It is plain, that money thus got under a mistake and for no consideration cannot be kept ex aequo et bono.“*

Als notwendige Voraussetzung des Anspruchs wird zunächst ein „mistake“, ein Irrtum des Leistenden bezeichnet. Wann ist ein solcher Irrtum gegeben?

Sowohl das anglo-amerikanische wie das deutsche Recht verstehen darunter Unkenntnis und falsche Vorstellung. Es handelt sich hier um einen allgemeinen Begriff des Denkens. *„An error of fact takes place, either when some fact which really exists is unknown or some fact is supposed to exist which really does not exist...“*[2] „Irrtum liegt dann vor, wenn die Vorstellung, die sich ein Mensch über etwas macht, der Wirklichkeit nicht entspricht[3]

Worauf muß sich der Irrtum beziehen?

Die Rückforderung einer Nichtschuld setzt immer Motivirrtum voraus. Der Leistende zahlt auf Grund irriger Beweggründe. Eine Rückforderung ist immer dann zulässig, wenn der Kläger bei Kenntnis der Sachlage nicht geleistet hätte.[4]

Im einzelnen gibt es zahllose Möglichkeiten. Der Irrtum kann „error of computation“ (Kalkulationsirrtum) sein; so, wenn der Kläger seine Verpflichtung durch Addition anstatt durch Subtraktion zweier Beträge errechnet hat.[5]

---

[1] Keener, S. 26.

[2] Wowatt v. Wright (1828) 1 Wend. (N. Y.) 355.

[3] v. Tuhr, Allgem. Teil, II, 1. S. 568.

[4] Ingalls v. Miller, 121 Ind., 188, 190.

[5] Millet v. Holt, 60 Me., 169. Vergl. auch Goodin Mercantile Co. v. Organ (1916), 186 S. W. 589 (Mo.).

Wenn eine Sklavin in Unkenntnis ihrer Freilassung unentgeltlich Dienste leistet,[1] kann sie den Wert verlangen.

Soweit Irrtum über Tatsachen in Frage kommt, kann im übrigen auf die Kasuistik des deutschen Rechts verwiesen werden.[2] Jeder für die Leistung kausale Tatirrtum ist erheblich.[3]

Hieraus folgt ohne weiteres, daß freiwillig gezahlte Nichtschulden als „voluntary payments" nicht kondizierbar sind. Leistungen, die zur Vermeidung von Streitigkeiten aus geschäftlichen Rücksichten erbracht werden,[4] beruhen nicht auf Irrtum, ganz abgesehen von dem einer Rückforderung entgegenstehenden etwaigen Verzichtswillen. Entsprechendes gilt bei Leistung von Diensten, z. B. wenn die Parteien wie Mann und Frau zusammengelebt haben. Hier ist regelmäßig die Aussicht auf die Heirat wohl inneres Motiv, nicht aber rechtlicher Grund der Leistung gewesen.[5]

Wo sind die Grenzen zwischen irrtümlicher und freiwilliger Leistung? Zunächst wird wie im deutschen Recht ein Anspruch dann ausgeschlossen, wenn er dem Kläger zur Verbesserung einer schlechten Rechtsposition dienen würde. Dies ist der Fall, wenn der Kläger eine bei der Leistung unauffindbare Quittung später entdeckt,[6] nachdem er nur wegen ihrer Unauffindbarkeit nochmals geleistet hat; wenn eine Versicherungsgesellschaft weiß, daß der Versicherte die Police auf betrügerische Weise erlangt hatte, dies aber nicht beweisen konnte.[7] Entdeckt sie später die Beweismittel, so kann sie mangels Irrtums die gezahlte Versicherung nicht zurückfordern. Die Entscheidung wurde außerdem noch darauf gestützt, daß die Klägerin aus geschäftlichen Rücksichten (Vermeidung von Prozessen) bezahlt und damit das Risiko der mangelnden Verpflichtung übernommen habe. Beide Gründe greifen auch im deutschen Recht durch,[8] wo in diesen Fällen meist ein einseitiger oder im Rahmen eines Vergleichs erklärter

---

[1] Urie v. Johnston (1831) 3 P. u. W. 212 bei Woodruff, S. 320. Weitere typische Fälle: Pool v. Allen, 29 N. C., 120. Wolf v. Beaird, 15 N. E., 161 (Ill.).

[2] Vergl. z. B. Soergel, § 812, Anm. 7a; Ebbecke, Recht, 1912, S. 657.

[3] White v. Dotte (1904) 73 Ark. 130.

[4] Nat. Life Insur. Co. v. Jones (1873) 59 (1928) N. Y. 649. Strange v. Cont. Supply 115, So. 353.

[5] La Fontain v. Hayhurst, 36 Atl., 623 (1896) (Me.).

[6] Rhodes v. Lambert, 58 S. W. 608 (Ky.).

[7] Nat. Life Ins. Co. v. Jones, 59 N. Y. 649 (1874).

[8] RGZ. 59, S. 351, Stuttgart, Recht 1912, Nr. 265.

Verzicht angenommen wird. Anders liegt es dagegen bei Zweifeln an der Verpflichtung. Nicht zum Ausdruck gekommene Zweifel werden allerdings nach deutschem ebensowenig wie nach angelsächsischem Recht berücksichtigt. Rein innere Willensvorgänge sind rechtlich unbeachtlich. Zahlt aber jemand mit dem Bemerken, er bezweifle seine Verpflichtung, so leistet er nicht im Glauben an seine Schuld, sondern trotz seiner Zweifel aus irgendeinem anderen Grunde. Er irrt also nicht über die für seine Leistung ursächlichen Tatsachen. Damit fehlt im amerikanischen Recht eine Voraussetzung des Anspruchs. Umgekehrt greift aber im deutschen Recht § 814 BGB. nicht ein. Mangel des Irrtums über die Schuld und Wissen von der Nichtschuld entsprechen sich nicht vollständig. Zweifel steht zwischen beiden. Er vernichtet die Unkenntnis, schafft aber kein positives Wissen. Darum muß das deutsche Recht die Kondiktion zulassen, wenn bei der Leistung Zweifel an der Schuld bestanden,[1] das amerikanische Recht sie abweisen. Dies gilt zunächst, wenn der Kläger einen Vorbehalt bei der Leistung nicht gemacht hat.[2] Die englischen und amerikanischen Gerichte entscheiden aber auch dann nicht anders, wenn der Leistende seinen Zweifeln durch besonderen Vorbehalt Ausdruck gibt. „*If he acts with any doubt . . . , he is conciously taking a chance*".[3] Seit Jahrhunderten beherrscht dieser Gedanke die einschlägigen Entscheidungen. Schon 1795[4] wurde ein Kläger abgewiesen, der eine zweifelhafte Forderung mit dem ausdrücklichen Vorbehalt erfüllte, „*that he did it without prejudice*". Lord Kenyon entschied, daß die Gewährung des Anspruchs „*would be to try every such question twice*". Mag der Kläger seine Zweifel dem Gericht unterbreiten.[5]

(Die einzige, offenbar nicht bewußte Abweichung von diesem Grundsatz enthält neuestens die unten Seite 40 erörterte Entscheidung Adrico v. City of New York, 1928.)

In Windbiel v. Carroll[6] hatte der Kläger eine Hypothekenschuld mit dem Vorbehalt bezahlt, daß er Klage auf Rückzahlung erheben werde, sowie er nachweisen könne, daß ein Teil der Schuld schon früher zurückbezahlt worden sei. Das Gericht entschied, daß der Kläger nicht im Irrtum über die Schuld, son-

---

[1] Vergl. RGZ. 59, 351; 72, 199.

[2] Meeme Fire Ins. Co. v. Lorfeld (1927) 216 N. W. 507 (Wis.).

[3] Woodward, S. 18.

[4] Brown v. Mc. Kinally, 1. Esp. 279 bei Thurston, S. 64.

[5] Shelley v. San Francisco (1927) 262, Pac. 403 (Cal.).

[6] 16 Hun. 101 (N. Y.) (1878) bei Thurston, S. 65.

dern nur in Unkenntnis der Beweismittel gezahlt habe. Sein ausdrücklicher Vorbehalt änderte nichts, während er im deutschen Recht zur Gewährung der Kondiktion hätte führen müssen.[1] Wenn dagegen der Beklagte bei der Leistung den Vorbehalt anerkennt und mit der ev. Rückforderung einverstanden war, so entscheidet die Vereinbarung der Parteien. Schließlich kann der Kläger eine unter einem seine freie Entschließung wesentlich beeinträchtigenden Zwange erbrachte Leistung als „money paid under compulsion" zurückverlangen.[3]

Das deutsche Recht ist fürsorglicher für den Einzelnen. Richtlinie ist der Ausgleich ungerechtfertigter Vermögensverschiebungen. Die Erfordernisse des modernen Handelsverkehrs scheinen allerdings eine gewisse Annäherung an den amerikanischen Standpunkt mit sich zu bringen. Wenn aus den Umständen der Leistung auf einen Verzicht auf den Erstattungsanspruch zu schließen ist, ist auch nach deutschem Recht die Kondiktion ausgeschlossen.[4] Aus diesem Gesichtspunkt hat das Reichsgericht neuerdings die Rückforderung der Leistung aus einem Seeversicherungsvertrage[5] versagt, unter Hinweis darauf, daß der Handelsverkehr klare, zweifelsfreie Rechtsverhältnisse fordere. Es entspreche nicht der kaufmännischen Anschauung, daß ein großes Unternehmen, das zu einer streitigen Frage schließlich in einem bestimmten Sinne Stellung genommen habe, — es war zweifelhaft, ob Seeunfall (Versicherungsfall) oder Kriegsunfall (kein Versicherungs, fall) vorlag — seine Rechtshandlungen nachträglich wieder rückgängig machen wolle. Die Verkehrsanschauung sei bei der Auslegung zu berücksichtigen.[6] — Die Lehre vom Irrtum als Voraussetzung des Bereicherungsanspruchs ist also charakterisiert durch starke Betonung des Risikogedankens. Unsichere Rechtslagen sollen unterbunden werden. Klare und sichere Abwicklung des Geschäftsverkehrs ist wesentlicher als die Berücksichtigung der besonderen Verhältnisse des Einzelfalls.

Zu einem weit stärkeren Gegensatz führen diese rechtspolitischen Erwägungen bei der Frage, ob jeder Irrtum beachtlich ist. Wann stehen besondere Gründe der Berücksichtigung des Irrtums entgegen?

---

[1] Soergel zu § 814, Anm. 3: RG. Warneyer, 1923/24, S. 227.
[2] Junean v. Stunkle (1889) 20 Pac. 473.
[3] Keener, S. 426 ff.; Woodward, S. 336 ff.
[4] RGZ. 56, 353; Gruchot, 64, 105.
[5] RGZ. 97, 140.
[6] Vergl. auch Pietzcker J. W., 1920, 488.

§ 4.

Hier ist für das angelsächsische Recht seit Jahrhunderten die Unterscheidung von Tat- und Rechtsirrtum von überragender Bedeutung. Die große grundsätzliche und praktische Tragweite des Problems rechtfertigt eine ausführlichere Behandlung.

Die ersten einschlägigen englischen Entscheidungen stellten noch stillschweigend[1] oder ausdrücklich[2] Tat- und Rechtsirrtum einander gleich. Grundlegend für die neue Entwicklung wurde erst Lord Ellenboroughs berühmtes Urteil in Bilbie v. Lumley,[3] durch das er einem Versicherer einen Anspruch auf Rückgewähr der ausgezahlten Versicherung unter folgenden Umständen versagte: Der Versicherte hatte durch bewußt unwahre Angaben seinen Anspruch auf Auszahlung der Versicherungssumme verwirkt. Vor der Auszahlung hatte er dem Versicherer die wahre Sachlage selbst aufgedeckt. Dieser glaubte sich trotzdem zur Leistung verpflichtet.

Lord E. wies den Kläger ab, mit den lapidaren Worten: „*Everyone must be taken cognizant of the law*". Diese Entscheidung eines der berühmtesten Richter Englands wurde zunächst kritiklos, später mit wachsenden Zweifeln von englischen und amerikanischen Gerichten als geltendes Recht angewendet, um erst in neuerer Zeit wieder allmählich einer entgegengesetzten Bewegung zu weichen. Da aber fast jedes Gericht, jeder Schriftsteller anders formuliert und das verbreitete Bestreben besteht, ohne völligen Bruch mit dem alten Rechtssatz wünschenswerte Ergebnisse durch immer neue Ausnahmen von der Regel zu begründen, herrscht gegenwärtig im ganzen angelsächsischen Rechtsgebiet ein Zustand höchster Verwirrung, der die Rechtssicherheit gefährdet[4]

Historischer Anknüpfungspunkt für die Lehre Lord Ellenboroughs war auch hier ein Satz des römischen Rechts: ignorantia iuris nocet. Die Bedeutung dieses Satzes ist schon bei den Römern nicht einheitlich umgrenzt gewesen.[5] Die Entwicklung scheint, wie im angelsächsischen Recht, von dem strengen Grundsatz allgemeiner Unbeachtlichkeit des Rechtsirrtums ausgegangen[6] und allmählich zu Milderungen geführt zu haben. Der starre

---

[1] Hewer v. Bartholomew (1598) bei Thurston, S. 11.

[2] Lowry v. Bourdieu, bei Thurston, S. 203/4.

[3] (1802) 2 East., 469 bei Thurston, S. 198.

[4] Vergl. die scharfe Kritik i. 32 Harv. L. R., 283 (1919).

[5] Vergl. Windscheid-Kipp, 9. Aufl., § 79 a, Anm. 12; Seckel-Heumann, 9. Aufl., S. 244.

[6] Paul. D. 22, 6, 9 pr.

Satz: „*Regula est juris quidem ignorantiam cuique nocere*“ nimmt auf die Verhältnisse des Einzelfalles noch keine Rücksicht. Sein erzieherischer Charakter ergibt sich daraus, daß seine Anwendung allgemein für Frauen, Minderjährige und Soldaten als für Rechtsunkenntnis nicht verantwortlich, ausgeschlossen war.[1] Später wurde anscheinend mehr auf die Entschuldbarkeit im Einzelfall abgestellt.[2] Zu einer abschließenden Regelung ist das römische Recht nicht gelangt.[3] Seit der Rezeption ist der oben zitierte Rechtssatz im deutschen Recht einerseits in das Strafrecht übergegangen, wo er noch heute immer wieder Zweifel erzeugt.[4] Andererseits hat er im gemeinen Recht, teilweise im Zusammenhang mit der Frage der Entschuldbarkeit des Irrtums, heftige Streitigkeiten hervorgerufen,[5] die erst durch das BGB. im wesentlichen beseitigt worden sind.

Auch im angelsächsischen Recht ist man zunächst davon ausgegangen, daß sich die Bedeutung des „ignorantia iuris nocet“ auf das Strafrecht beschränkte,[6] oder doch zum mindesten auf ein verwerfliches Verhalten (Vertragsbruch, Delikt),[7] das im Interesse der Allgemeinheit nicht unterstützt werden dürfe. Diese Gesichtspunkte konnten bei der condictio indebiti nicht in Frage kommen. Lord Ellenborough verallgemeinerte den Satz denn auch vorbehaltlos, mit Erwägungen rein rechtspolitischer Natur .... „*Otherwise there is no saying to what extent the excuse of ignorance might not be carried*“.[8] Diese Begründung machten sich die Gerichte zu eigen, ohne sie zu vertiefen oder auszubauen. Aus den unzähligen Entscheidungen dieser Art seien einige neuere hervorgehoben.

Ein Vater, der die von seinem minderjährigen Kinde eingeworfene Fensterscheibe in dem rechtsirrtümlichen Glauben, dazu verpflichtet zu sein, zahlt, kann nicht zurückfordern.[9] Auch irrige Vertragsauslegung ist Rechtsirrtum.[10]

---

[1] Paul. D. 22, 6, 9.
[2] Lab. D. 22, 9, 3.
[3] Rabel, S. 498, Jörs, Römisches Recht, S. 74.
[4] S. Rechtsprechung und Schrifttum zu § 59 StGB.
[5] Windscheid-Kipp, a. a. O.
[6] Lansdowne v. Lansdowne (1730), Mosely, 364 bei Woodward, S. 57.
[7] Culbreath v. Culbreath (1849) 50 Am. Dec. 375.
[8] Bilbie v. Lumley, a. a. O.
[9] Needles v. Burk (1884) 81 Mo. 569.
[10] United States v. Skinnes (1928) 28 Fed. (2 ser.) 373.

In Hadley v. Farmers National Bank[1] wurde der Irrtum über die Verpflichtung zur Ausstellung eines Schecks als Rechtsirrtum für unerheblich angesehen.

Eine große Anzahl ebenfalls für diese Lehre zitierter Entscheidungen muß außer Betracht bleiben, weil sie im wesentlichen auf anderen Gründen beruhen. Wenn der Beklagte arglistig gehandelt hat,[2] wenn sich der Kläger bewußt über rechtliche Zweifel hinweggesetzt hat,[3] wenn zugleich ein Tatirrtum vorlag,[4] ist der Rechtsirrtum nicht entscheidend für die Versagung der Kondiktion.

Der Autorität von Bilbie v. Lumley stellte sich seit Mitte des vorigen Jahrhunderts wachsender Widerstand entgegen. Eine der bahnbrechenden Entscheidungen in dieser Richtung ist Northrop v. Graves.[5] Hier hatte ein Testamentsvollstrecker infolge irriger Auslegung des Testaments einem Vermächtnisnehmer zuviel ausgezahlt. Dadurch wurden die übrigen am Nachlaß Berechtigten geschädigt. Das Gericht betonte mit aller Entschiedenheit, daß Rechts- und Tatirrtum völlig gleichzustellen sei, und gründete dies: „*Both upon the principles of Christian moral and the common law.*“ In einem ähnlichen, ebenso entschiedenen Fall[6] waren durch Rechtsirrtum des Sequesters die Gläubiger der Masse geschädigt worden.

Zu beachten ist allerdings, daß in diesen beiden Fällen eine Gesamtheit von Personen in Mitleidenschaft gezogen worden wäre, wenn der Irrtum, der nicht ihnen gegenüber begangen war, unberücksichtigt geblieben wäre. „*Principles of Christian moral and the common law*“, das war die kategorische Begründung in Northrop v. Graves. Vielleicht führte hier also der Gedanke der Public policy zur Durchbrechung der Theorie vom Rechtsirrtum. Doch auch diese Entscheidungen konnten später, abstrakt formuliert, als Präjudizien dienen.

Gegenüber den vereinzelten Rechts- und Tatirrtum ganz gleichsetzenden Entscheidungen sind die verschiedensten Versuche gemacht worden, eine erlösende Kompromißformel zu finden.

---

[1] (1927) 257 Pac. 1101 (Oklah.).
[2] Wolf v. Fox (1922) 190 N. W. 90 (Wis.); vergl. Law Journal, September 1929, 183.
[3] Jacobson v. Mohall, 157 N. W. 1033 (N. D.); Heckmann v. Daves (1926) 12 Fed. 2d ser. 144.
[4] Freeman v. Curtis, 51 Me. 140, neuestens Adrico Realty Corporation v. City of New York (1928), 164 N. E. 732 (N. Y.).
[5] 19 Conn. 548 (1849).
[6] Mansfield v. Lynch 22 Atl. 33 (1890) (Conn.).

In Cooper v. Phibbs,[1] einer englischen Entscheidung, hatte der Kläger in der irrtümlichen Annahme, nicht er, sondern der Beklagte sei Eigentümer eines Fischteichs, an letzteren Leistungen erbracht. Lord Westbury gründete auf diesen Tatbestand die Unterscheidung zwischen „general law" und „private right". Bei Unklarheit der Parteien über ihre gegenseitigen Rechtsbeziehungen stehe einer Rückforderung nichts im Wege, wohl aber bei Unkenntnis allgemeiner Rechtsbegriffe. Diese Unterscheidung läuft auf eine feinere Abgrenzung zwischen Tat- und Rechtsirrtum hinaus. Rechtsverhältnisse sind keine Rechtsnormen. Mit Recht hat ein anderer Richter[2] Lord Westbury dahin verstanden, daß häufig mit allgemeinen Rechtsbegriffen wie „marriage", „ownership" bestimmte tatsächliche Verhältnisse verknüpft werden und in diesen Fällen Tatirrtum in Frage komme. — Die Ansicht Lord Westburys hat in England, teilweise auch in Amerika[3] Anklang gefunden und wenn auch zu keiner Lösung, wenigstens zu einer gewissen Klärung geführt.

Offenbar von der Abgrenzung zwischen Zweifel und Irrtum geht die Auffassung aus, daß nur der Irrtum über klare, anerkannte Rechtssätze beachtlich sei, nicht aber der über zweifelhafte.[4] Diese Ansicht betrifft im Gegensatz zur vorhergehenden den eigentlichen Rechtsirrtum, nämlich den über abstrakte Rechtsnormen. Hiergegen ist vor allem die praktische Unmöglichkeit klarer Abgrenzung einzuwenden. Vom Standpunkt des angelsächsischen Rechts aus ist außerdem bedenklich, daß hier offenbar ein entschuldbarer Irrtum, nämlich der über zweifelhafte Rechtssätze, nicht geschützt werden soll, während der weniger entschuldbare über unbezweifelte Rechtssätze berücksichtigt wird.[5] Dies widerspricht dem sonstigen Standpunkt des angelsächsischen Rechts (vgl. unten § 12).

Gerade umgekehrt vom Gesichtspunkt des Verschuldens geht die auch dogmatisch interessante Auffassung aus, nur „mistake" rechtfertige eine Rückforderung, „ignorance" nicht.[6] „*Ignorance implies passivity; mistake imputes action ... Ignorance may be the result of laches which is criminal; mistake argues diligence*

[1] (1867) L. R. 2 H. L., 149, 170, bei Jenks-Schirrmeister, I, S. 529.

[2] Mr. J. Holmes i. Alton v. First Nat. Bank (1892) 32 N. E. 228 (Mass.).

[3] Vergl. z. B. Mc. Inteyre v. Casey (1916) 182 S. W. 966 (Mo.).

[4] Story, Randall, § 121.

[5] Vergl. Woodward, S. 67, 68.

[6] Culbreath v. Culbreath (1849) 7 Ga. 64, 70.

which is commendable". Diese Unterscheidung ist gesetzlich in Georgia verankert; denn § 4575 Georgia Code (1926) sagt: „*Mere ignorance of law .... will not authorize the intervention of equity*", während § 4576 einen „*honest mistake of law*", für bestimmte Fälle als erheblich anerkennt. Neuere Entscheidungen haben in Georgia denn auch diese Unterscheidung zugrunde gelegt. Allerdings lag hier stets ein klarer Irrtum vor, sodaß sie den Wert der Unterscheidung nicht beweisen konnten.[1] (Vgl. über die Bedeutung des Verschuldens für den Bereicherungsanspruch überhaupt § 12.)

In fünf Staaten ist gesetzlich festgelegt, daß Rechtsirrtum dann beachtlich sei, wenn er beiden Parteien gemeinsam sei.[2] Zwar regelt keins dieser Gesetze die Kondiktion. Außer in Montana haben aber die Gerichte die Gesetze in diesem Sinne ausgelegt.[3] (Vgl. über den „mutual mistake" unten § 5.)

Das Nebeneinander all dieser Versuche hat zur Folge, daß gegenwärtig fast jede Ansicht sich auf Präjudizien stützen kann. Soweit common law herrscht, überwiegt immer noch der Satz, daß Rechtsirrtum keine Rückforderung rechtfertige.[4] In Kentucky und Connectitut wird seit der erwähnten Entscheidung Northrop v. Graves mit aller Entschiedenheit der gegenteilige Standpunkt vertreten.[5] In New York z. B. ist die alte Regel noch Gesetz.[6] Eine ganz neue New Yorker Entscheidung[7] durchbricht allerdings den Grundsatz mit seltsamer Begründung, die die bestehende Unsicherheit noch verstärkt. Vor dem der klagenden Gesellschaft gehörigen Haus war eine Pflastersenkung und ein Rohrbruch in der Straße eingetreten. Die Stadt verlangte von der Klägerin Ersatz ihrer Reparaturkosten, da der Schaden auf Mängel im Bau der Klägerin zurückzuführen sei und hierfür vertraglich die Klägerin aufzukommen habe. Diese behauptete, daß die Schä-

---

[1] Whitehurst v. Mason (1913) 78 S. E. 938 (Ga.).

[2] California Civil C., § 1578; North Dakota, Rev. Codes, § 5299; South Dakota, Civil C., § 1207; Oklahama, Comp. Laws, § 1058; Montana, Rev. Codes, § 7684.

[3] Vergl. Williston, § 1582; Woodward, § 39.

[4] Vergl. Page, § 1564 N. 13; für New York Clark New York Law of contracts, § 1088.

[5] Page, § 1566 N. 1, 32 Harv. L. R. 283 N. 2; Williston, § 1582.

[6] Clark, § 1088, vergl. neuestens Wolek v. City of New York (1927) 225 N. Y., Suppl. 669.

[7] Adrico Realty Corporation v. City of New York (1928) 164 N. E. 732 (N. Y.).

den auf Mängeln im Straßenbau beruhten, zahlte aber unter Protest, als die Stadt mit Zwangsmaßnahmen drohte. Mit der Berufung auf ihre fehlende Verpflichtung zu dieser Zahlung forderte die Klägerin später zurück. Die Vorinstanzen wiesen ab, weil die Klägerin aus unbeachtlichem Rechtsirrtum geleistet habe. Der Court of Appeal entschied, daß der Klage stattzugeben sei, sofern eine erneute Beweisaufnahme die Richtigkeit der klägerischen Behauptungen ergeben würde. Der Rechtsirrtum über die Verpflichtung zur Zahlung sei hier aufgebaut auf einem Streit über die Tatsachen. In diesem Fall könne die Klägerin nicht allein das Risiko tragen. Rechtsregeln seien nicht mechanisch anzuwenden. Im übrigen hätte die Klägerin unter dem Druck der drohenden Zwangsmaßnahmen geleistet. Die letztere Begründung ist unbedenklich und entspricht der herrschenden Lehre. Die erste Begründung trifft nur scheinbar die Lehre vom Rechtsirrtum. In Wahrheit stritten die Parteien über Tatfragen, nicht über Auslegung des Vertrages. Die Entscheidung erschüttert vielmehr eine andere, feststehende Lehre, daß nämlich Zahlung bei Streit über Tatsachen auch unter ausdrücklichem Vorbehalt kein Rückforderungsrecht begründe (oben S. 34). Das Gericht scheint diese Regelung für unbillig zu halten (entsprechend dem deutschen Recht), begründet seine Ansicht aber zu Unrecht mit Erwägungen über Rechtsirrtum, während doch die Klägerin in Kenntnis der Ungewißheit, also ohne Irrtum geleistet hat.

Für den gegenwärtigen Stand der Lehre vom Rechtsirrtum ist hervorzuheben, daß die sechs Staaten, die ihr Zivilrecht kodifiziert haben, alle, in verschiedenem Umfang, das Rückforderungsrecht anerkennen. Ebenso fast die gesamte neuere Wissenschaft.[1]

In England hat sich die Autorität von Bilbie v. Lumley (oben S. 36) bis heute behauptet. Manche Entscheidungen äußern zwar Zweifel,[2] aber sie haben das geltende Recht nicht zu ändern vermocht, umso weniger, als die wissenschaftliche Behandlung der Frage in England weniger lebhaft ist. Eine neue Entscheidung des House of Lords,[3] die die Rückforderung von Zahlungen wegen falscher Auslegung von Besoldungsvorschriften versagte, bestätigt die alte Auffassung.

Das ganze Problem kristallisiert sich um den Konflikt zwi-

[1] Keener, S. 86 ff.; Woodward, S. 57; Williston, § 1581; dagegen: Pomeroy, § 842.
[2] Vgl. Cooper v. Phibbs, oben S. 39.
[3] Holt v. Markham (1923) 128 L. T. R. 718.

schen equity und public policy. Muß das im Verhältnis der Parteien begründete Billigkeitserfordernis der Rückgewähr des zu Unrecht erlangten Vorteils hinter gewichtigeren Gründen der public policy zurückstehen?

Nur so ist auch stets die besondere Behandlung des Rechtsirrtums begründet worden, nie mit Erwägungen der Logik oder Billigkeit.[1] Worin bestehen nun hier die Gesichtspunkte der public policy? In der üblichen Begründung[2] vereinigen sich zwei voneinander scharf zu trennende Gesichtspunkte. Der eine ist der rein praktische der Prozeßökonomie. „*To permit, on a point of law, to open or annul everything that has been done in other cases of the like kind .... would lead to the most mischievus consequences. Fortunately for the peace and happiness of society there is no such pernicious precedent to be found.*“[3] Beachtlich ist der hier hervorgehobene Gesichtspunkt, daß ein Rechtsirrtum, einmal vorgebracht, zahlreiche andere gleichartige Fälle nach sich vor Gericht ziehen werde, während ein Irrtum über Tatumstände notwendig auf den Einzelfall beschränkt bleibt. Aber den Rechtsirrtum muß beweisen, wer sich darauf beruft (vgl. auch die Regelung im deutschen, französischen, schweizerischen Recht usw.). — Hier setzt das andere Bedenken ein: „*There is no saying to what extent the excuse of ignorance might not be carried.*“ Soweit damit die Gefahr unbegründeter Klagen gemeint ist, besteht kein Unterschied zum Tatirrtum. Das rein subjektive Element des Irrtums bringt stets Unsicherheit in die Rechtslage.

Eine weit tiefere Auffassung bildet indessen den eigentlichen Kern der Lehre. Sie geht davon aus, daß es um der Allgemeinheit willen gefährlich sei, dem Bürger Schutz für seine Rechtsunkenntnis zu gewähren. Zwar wird mit Recht von den Gegnern dieser Lehre vor der Verwechslung mit strafrechtlichen Maximen gewarnt. Im Strafrecht hat der Satz, daß Unkenntnis des Gesetzes vor Strafe nicht schützt, einen tiefen Sinn (vgl. auch § 59 StGB.). Der Schutz der Allgemeinheit gegen Verbrechen an Körper oder Vermögen, die allgemeine Sicherheit wiegen schwerer als der etwaige Irrtum des Täters. Auch im Recht der unerlaubten Handlungen sind ähnliche Erwägungen zulässig. Denn das objektive Unrecht liegt hier auf seiten des Täters, der Schaden auf seiten des Betroffenen. (Das deutsche Recht allerdings

---

[1] Woodward, S. 54, 55.
[2] Bilbie v. Lumley.
[3] Chancellor Kent i. Lyon v. Richmond 2 Johns Ch. 51, 60.

berücksichtigt auch hier den Rechtsirrtum, obgleich die Frage nicht ganz geklärt ist[1]). Ganz anders ist die Problemstellung im Bereicherungsrecht. Das objektive Unrecht liegt hier auf seiten des Beklagten. Eine Rückgewähr würde keinerlei Interessen verletzen, keinen Delinquenten für seine Missetat belohnen, sondern einen für die Allgemeinheit ungefährlichen Irrtum ausgleichen.

Diese vor allem von Keener[2] überzeugend dargelegten Gründe können aber die bekämpfte Auffassung insoweit nicht treffen, als sie der Ausdruck einer dem angelsächsischen Recht charakteristischen erzieherischen Tendenz ist, die mit dem Schlagwort der „public policy" umschrieben wird. Der Bürger soll sich nicht ohne Risiko auf ein ihm fremdes Gebiet begeben. Das Gesetz steht zu hoch, als daß jeder Unberufene sich gefahrlos an seine Beurteilung wagen, mit seinen Rechtsansichten spekulieren dürfte. Hiermit ist noch nichts über das sich im Einzelfall möglicherweise ergebende Verschulden des Leistenden gesagt. Nicht etwa wird die tatsächliche Kenntnis des Rechts vermutet, sondern wiederum durch eine Fiktion das erstrebte Ergebnis erreicht. Darum trifft auch Lord Mansfields geistreicher Angriff nicht den Kern der Sache, wenn er sagt, weit entfernt davon, daß jeder das Recht kennte, kostete es sogar sehr viel Geld, zu erfahren, was rechtens sei.[3]

In wie starkem Maße besonders die amerikanische Rechtssprechung auf den Gesichtspunkt der public policy abstellt, zeigt sich, wenn ein „public officer" auf einer der beiden Seiten beteiligt ist. Hat z. B. ein Beamter einer county in Verkennung der Rechtslage Geld an einen einzelnen bezahlt, so kann nach fest begründeter Praxis der Einwand des Rechtsirrtums nie den Anspruch vernichten.[4] Denn hinter dem Kläger steht die Allgemeinheit, die durch seine Unkenntnis Schaden erleiden würde, der Beklagte aber streitet nur für sich selbst.[5] Wenn die Gerichte in diesen Fällen von den Beamten als „agents of the public", Vertretern der Allgemeinheit, durch deren unrechtmäßige Handlun-

---

[1] RGZ. 72, 4 ff.; 84, 184 ff.; RGRKomm. § 823, Anm. 2.

[2] S. 86—92.

[3] Jones v. Randall (1774) Cowp. 37, 80, bei Woodward, S. 57.

[4] Wisconsin v. United Staates (1896) 164 U. S. 190; Heath v. Albrook (1904) 98 N. W. 619 (Jowa); State v. Young (1907) 110 N. W. 292. (Jowa.)

[5] Wisconsin v. U. S., a. a. O. Inhabitants of City of Biddeford v. Benoit (1929) 147 Atl. 156 (Maine).

gen die Vertretenen nicht gebunden seien,[1] oder von „trustees“ sprechen, so soll dies nur die Vertrauensstellung dieser Personen hervorheben, kraft deren sie zu anständigem, vornehmem Handeln im Rechtsverkehr verpflichtet sind. Juristisch liegt kein Verhältnis von „principal and agent“ wie im Privatrecht, vor.[2] Die Sonderbehandlung des Rechtsirrtums bei Leistungen durch „public officers“ beruht wohl auch nicht auf der historisch begründeten staatsrechtlichen Sonderstellung der Krone. Dies zeigt die Behandlung des umgekehrten Falls. Ist der Beklagte ein Beamter oder eine sonstige öffentliche Vertrauensperson, z. B. ein Konkursverwalter, so darf der Rechtsirrtum des Klägers seinen Anspruch nicht beeinträchtigen.[3] Denn ein Organ des Staates oder der Allgemeinheit muß viel gewissenhafter sein als ein Privatmann und Geld, das ihm nicht gebührt, zurückerstatten, mag es der Leistende auch nicht verdient haben.[4] Der „public officer“ verwaltet die in öffentlicher Eigenschaft empfangenen Leistungen als „trust estate“ für die Allgemeinheit. Hieraus folgt seine Pflicht, die Trustmasse nicht auf Kosten anderer unter Ausnutzung einer vorteilhaften Rechtsstellung zu bereichern.[5] Lediglich rechtspolitische Erwägungen bestimmen also die Behandlung des Rechtsirrtums. Die Billigkeit spricht grundsätzlich stets für Berücksichtigung des Rechtsirrtums. Die im allgemeinen entgegenstehenden erzieherischen Gesichtspunkte werden in den letztgenannten Fällen wiederum durch andere rechtspolitische Gesichtspunkte aufgehoben.

Eine weitere Auswirkung des gleichen Prinzips ist die Tatsache, daß die amerikanischen Gerichte ganz allgemein den Irrtum über das Recht eines fremden Staates (innerhalb oder außerhalb der Vereinigten Staaten) dem Tatirrtum gleichsetzen.[6] Zur Begründung führt man an, daß selbst die Gerichte eines Staates das Recht eines anderen nicht zu kennen brauchten, umso weniger der einzelne. Der Zweck der Abschreckung vor rechtlichen Spekulationen und die Furcht vor Prozeßanhäufungen fällt hier fort.

---

[1] So z. B. State v. Young, a. a. O.

[2] Dunn v. Macdonald (1897) 1 QBD. 555; Hatschek, Engl. Staatsrecht II, S. 508.

[3] Carpenter v. Southworth (1908) 165 Fed. 428.

[4] Vgl. Ex parte James (1874) L. R. 9 Ch. 609.

[5] Hillig v. Grant (1897) 23 App. Div. 596 bei Woodruff S. 441.

[6] Taylor v. First Nat. Bank 212 Fed. 890 (1914). Walker v. Walker 200 S. W. 825 (Tenn.) (1918).

Diese ganz unkonstruktive Rechtsprechung ist nur aus der Eigenart der angelsächsischen Rechtsmethodik heraus zu verstehen. Ein englischer oder amerikanischer Richter wird bei jeder Entscheidung neu die Frage der public policy prüfen müssen. Diese aber ist ein inhaltlich unbestimmter, mit der Zeit sich entwickelnder Begriff.

Die gegenwärtige Bewegung zugunsten des Rechtsirrtums steht im Rahmen einer allgemeinen allmählichen Zurückdrängung der starren Normen des älteren Rechts zugunsten einer stärkeren Berücksichtigung des Einzelinteresses. Das bedeutet eine Milderung der Anforderungen der public policy. Aber auch, wenn man auf dem Standpunkt der Erziehung des Bürgers zur Vorsicht beharrt, dürfte die im angelsächsischen Recht anerkannte Berücksichtigung jedes Verschuldens und das Abwägen der beiderseitigen Billigkeiten (vgl. unten § 12) genügen. Bei Beachtung dieser Gesichtspunkte wird sich der Kläger z. B. kaum auf ganz abwegige Rechtsansichten zur Begründung seines Irrtums stützen dürfen. Das besonders in Amerika sehr elastische System führt schon auf diesem Wege zu befriedigenden Ergebnissen. Gerade, weil das ganze System der q. c. auf public policy aufgebaut ist, erscheint eine Sonderbehandlung des Rechtsirrtums aus dem gleichen Grunde unnötig.

Das deutsche Recht bietet keinen Vergleichsmaßstab. Die bei der Irrtumsanfechtung aufgestellten Meinungen über die Bedeutung des Rechtsirrtums decken sich teilweise mit den eben dargestellten (vgl. die Unterscheidung des Reichsgerichts zwischen Irrtum über konkrete Rechtsverhältnisse und über abstrakte Rechtsnormen[1]). Bei der deutschen Bereicherungslehre scheiden alle diese Probleme aus. Der Irrtum ist nicht anspruchsbegründende Voraussetzung; der Beklagte muß dem Kläger gemäß § 814 BGB. die Kenntnis der Nichtverpflichtung nachweisen. Fehlt dem Kläger aus einem noch so unverständlichen Grunde diese Kenntnis, so kann er kondizieren. Es ist also gleichgültig, ob Tat- oder Rechtsirrtum die Erkenntnis verhinderte,[2] ob nur infolge gröbster Fahrlässigkeit der Kläger den Schluß von den ihm bekannten Tatsachen auf ihre rechtliche Bedeutung nicht gezogen hat.[3] Wenn dagegen das Gesetz den Irrtum zur Anspruchs-

---

[1] RGZ. 51, 353.
[2] RGZ. 60, 421; Recht 1922, Nr. 431.
[3] RG. Seuff. Arch. 75, Nr. 193.

voraussetzung macht, so wird zweifelhaft, ob auch Rechtsirrtum beachtlich ist.[1]

§ 5.

In zahlreichen Entscheidungen wird als Voraussetzung der „condictio indebiti" nicht nur „mistake", sondern „mutual mistake" (beiderseitiger Irrtum) beizeichnet.[2] Es bedarf zunächst der Erklärung dieses Begriffes und seiner Verwendung im angloamerikanischen Recht.[3]

Im Vertragsrecht spricht man von *„mutual mistake"*[4] einerseits im Falle des Dissenses,[5] andererseits im Falle des beiderseitigen gleichgerichteten Irrtums der Partei bei Vertragsschluß. (Irrtum über Identität oder Existenz des Vertragsgegenstandes; letztere wird im deutschen Recht unter dem objektiven Gesichtspunkt der Unmöglichkeit behandelt.) Für die zweite Gruppe verwenden manche zur Unterscheidung die Bezeichnung *„mistake common to both parties"*.[6] Damit kommt zum Ausdruck, daß anders wie beim Dissens die Parteien nicht etwas verschiedenes wollen, sondern beide in gleicher Weise über einen für den Vertrag wesentlichen Umstand irren.[7] Beide Gruppen haben aber das gemeinsam, daß die Parteien gleichartig tätig sind, nämlich durch Abgabe irrtümlicher Willenserklärungen beim Vertragsschluß. Anders ist die Stellung der Parteien beim einseitigen Erklärungsirrtum und bei der condictio indebiti. Hier beschränkt sich die Tätigkeit des Empfängers der Willenserklärung bezw. der Leistung auf die Erkenntnis oder Nichterkenntnis des Irrtums der anderen Partei. In den Fällen des vom Gegner nicht erkannten Erklärungsirrtums spricht man daher mit Recht von „unilateral mistake",[8] im Gegensatz zu den oben genannten Fällen wirklichen beiderseitigen Irrtums.

Bei der condictio indebiti nun bestehen hinsichtlich des Irrtums nur folgende Möglichkeiten:

---

[1] Vgl. Schweizer Obl.R. Art. 63 und seine Auslegung durch das Oberste Bundesgericht sowie Kritik von Nägeli, Schweiz. Jur. Z. V. 386 ff.

[2] Millett v. Holt 60 Me. 169; Devine v. Edwards 101 Ill. 138; Lowe v. Wells 96 Pac. 74 (Kans.). Bank of Ethel v. Colman (1927) 290 S. W. 1022 (Mo.).

[3] Vgl. hierzu eingehend Jenks-Schirrmeister, I, S. 523 ff.

[4] Kerr, S. 496, 540.

[5] Anson-Corbin, S. 217. Kerr, S. 522.

[6] Anson-Gwyer, S. 166 ff; Leake, S. 218 ff.

[7] Die Verwirrung zwischen Dissens und gemeinsamem beiderseitigen Irrtum wird auch von Jenks-Schirrmeister-Prochownick, I, S. 523, und II, S. 176, bekämpft.

[8] Leake, S. 221; Anson-Prochownik, S. 167.

1. Der Beklagte erkannte den Irrtum des Klägers bei der Leistung; dann ist die Unterlassung der Mitteilung an den Kläger mindestens fahrlässig. Verschweigt er die Wahrheit arglistig, so haftet er wegen fraud aus unerlaubter Handlung.

2. Der Beklagte erkannte den Irrtum des Klägers nicht. In diesem Fall muß man von „*unilateral mistake*“ sprechen, wenn man mit der Terminologie des Vertragsrechts in Übereinstimmung bleiben will. Ist diese Scheidung jedoch schon in Lehrbüchern und Entscheidungen über das Vertragsrecht oft unklar, so hat die mangelnde Unterscheidung zwischen den Fällen beiderseitigen Vertragsirrtums und denen des Irrtums bei der condictio indebiti in der Lehre der quasi-contracts größte Verwirrung hervorgerufen. Dies zeigt am anschaulichsten die Entscheidung Norton v. Bohart.[1]

Die Parteien stritten hier darüber, ob in den Kaufpreis für ein Unternehmen ein bestimmtes Gebäude miteingerechnet war oder nicht. Kläger hatte, wie er behauptete, versehentlich das Gebäude besonders bezahlt. Das Gericht führte fast wörtlich folgendes aus: Wenn der Vertrag so abgeschlossen war, wie es der Kläger behauptet, kann er zurückfordern; wenn er aber so abgeschlossen ist oder der Beklagte ihn so verstanden hat, wie dieser behauptet, so ist die Klage abzuweisen, selbst wenn der Kläger irrtümlich das Bankgebäude doppelt bezahlt hat. Wenn auf Grund beiderseitigen Irrtums (mutual mistake) (anscheinend bei der Leistung) der Kläger die 2000 Dollar bezahlt hat, kann er sie zurückfordern. Dieses Rückforderungsrecht gründet sich aber nur auf den tatsächlich geschlossenen Vertrag. Wenn beide Parteien bei der Zahlung irrten, so stellt eine Herausgabe nur den status quo ante wieder her. Wenn jedoch der Irrtum einseitig war, der Beklagte vom Kläger nur das zu erhalten glaubte, was er ihm schuldete, der Kläger aber diese Summe nur versehentlich zahlte, ist der Anspruch ausgeschlossen. Andernfalls würde das Gericht unzulässigerweise einen Vertrag für die Parteien schließen. Der einzige Rechtsbehelf des Klägers ist hier „rescission of the contract“, die Rückgewähr der beiderseitigen Leistungen zur Folge hat.

Der Entscheidung ist im Ergebnis beizustimmen. Der Fall wird klar, sowie man den Irrtum bei Vertragsschluß und den Irrtum bei der Leistung auseinanderhält. Haben die Parteien Verschiedenes bei Vertragsabschluß gewollt und erklärt, so liegt nach angelsächsischem und nach deutschem Recht Dissens vor,

[1] 105, Mo. 615; Thurston, S. 60.

der den Vertrag nichtig macht.[1] Hier ist in der Tat „mutual mistake", d. h. Dissens erforderlich.[2] Liegt diese Voraussetzung vor, so kann jede Partei ohne weiteres ihre Leistung als Nichtschuld zurückfordern. Ist der Vertrag hingegen ohne Dissens so abgeschlossen, wie es der Kläger jetzt behauptet, so kann er auf Grund gewöhnlichen Leistungsirrtums zurückfordern; ist die Behauptung des Beklagten richtig, so hat der Kläger nur seine Schuld erfüllt. Wenn aber das Gericht fortfährt: Gesetzt, der Irrtum war nur einseitig und der Kläger zahlte versehentlich mehr als von ihm bei Vertragsschluß gewollt, der Beklagte glaubte aber nur, das ihm Geschuldete zu empfangen, und ausführt, daß für diesen Fall nur „rescission of the contract" möglich sei, so meint es mit „einseitigem Irrtum" den Irrtum des Klägers bei der Leistung. Auf Grund dieses Irrtums darf der Kläger hier nur deshalb nicht zurückfordern, weil außerdem der Vertrag wegen Dissenses der Parteien nichtig war und eine Rückforderung des nach Ansicht des Klägers und nicht des Beklagten zuviel gezahlten Betrages eine Sanktionierung des Vertragswillens des Klägers bedeuten würde, während doch bei Nichtigkeit des Vertrages nur beide Parteien gegenseitig ihre Leistungen herausverlangen können. Andernfalls würde das Gericht „make a contract for the parties". Den Irrtum des Klägers bei der Leistung bezeichnet das Gericht als „unilateral", obgleich doch der Beklagte den Irrtum des Klägers über die vermeintliche Verpflichtung geteilt hat. Ähnlich die Entscheidung Columbia Building v. Loan Association.[3] Hier liegt der Herd der Verwirrung. Die oben erörterten Entscheidungen (S. 46, Anm. 2), nehmen in den gleichen Fällen „mutual mistake" an. Dieser Widerspruch scheint sich aus der Übernahme der Ausdrücke aus dem Vertragsrecht zu erklären.

Tatsächlich schafft also das vermeintliche Erfordernis des „mutual mistake" im Kondiktionsrecht nur Verwirrung. Bleibt man in Übereinstimmung mit der Terminologie des Vertragsrechts, so kann es sich bei Leistungsirrtum immer nur um „unilateral mistake" handeln, mag der Empfänger den Irrtum erkannt haben oder nicht.[4]

---

[1] Kerr, S. 522, Falk v. Williams (1900) A. C. 176.

[2] Jenks-Schirrmeister-Prochownick, I, S. 523, und II, S. 176, bekämpfen wohl nur die unterschiedslose Bezeichnung von Dissens und gemeinsamem Irrtum als „common mistake".

[3] (1926) 285 S. W. 181 (Mo).

[4] Vgl. auch Page, § 1563, im wesentlichen auch Keener, S. 122.

Ist der Empfänger gutgläubig, teilt er also den Irrtum des Leistenden, so ist die Billigkeit für diesen weniger stark als in den anderen Fällen. Selbst wenn man hier von „mutual mistake" sprechen wollte, so könnte man eher sagen, daß ein beiderseitiger Irrtum den Anspruch nicht ausschließt, als daß man die „mutuality" umgekehrt zur Voraussetzung des Anspruchs macht. Im Ergebnis stimmen hier alle Entscheidungen überein.

Anders liegt es, wenn das Recht zur Rückforderung auf Irrtum bei Abschluß eines Vertrages zurückgeführt wird.

Ist in diesem Fall die Vernichtung des Vertrages Voraussetzung des Rechts zur Rückforderung der Leistung? Keener[1] erörtert diese Frage, weil die Vernichtung eines von Irrtum beeinflußten Vertrages (rescission) vor einem equity-Gericht zu geschehen hat. Nach Keener, der insoweit die Entscheidung Sheffield v. Hamlin, 26 Hun. 237 bekämpft, soll es zulässig sein, die Voraussetzungen der Beseitigung des Vertrages im Prozeß über die Herausgabe der Leistung vorzubringen. Die Frage ist sonst kaum erörtert.[2] Auch im deutschen Recht ist das Verhältnis von Anfechtung und Kondiktion wenig geklärt. Die Anfechtung des Vertrages macht die Leistung rückwirkend zu einer nicht geschuldeten. Nach Oertmann[3] ist ohne die Beseitigung des die Grundlage der Leistung bildenden Vertrages eine Kondiktion nicht zulässig. Vorher fehle es nicht am rechtlichen Grunde. Dem wird zuzustimmen sein. Da der Irrtum für den Anspruch aus § 812 nicht zu beweisen ist, könnte man sich durch die bequemere Kondiktion von einem bestehenden Vertrage losmachen. Nur ein die Gültigkeit des Vertrages beinträchtigender Irrtum ist also in diesen Fällen in beiden Rechtssystemen Voraussetzung der Rückforderung. Im angelsächsischen Recht berechtigt im Gegensatz zu der Regelung des § 119 BGB. ein einseitiger, nicht erkannter Erklärungsirrtum nicht zur „rescission".[4] Irrt also der Leistende schon bei Vertragsschluß, sodaß die Rückgewähr des Geleisteten durch die Aufhebung des Vertrages vermittelt wird, so unterliegt der Rückgewähranspruch strengeren Voraussetzungen als im deutschen Recht — gerade deshalb, weil hier in den meisten Fällen ein wirklicher „mutual mistake" anders wie bei der condictio indebiti erforderlich ist.

---

1 S. 122.
2 Unklar auch Kerr, S. 411.
3 LZ. 1928, 857.
4 Kerr, S. 507, Jenks-Schirrmeister, I, S. 523.

Auf die verwickelte und unklare Irrtumslehre des Vertragsrechts im einzelnen kann hier nicht eingegangen werden.[1]

§ 6.

Die amerikanischen Darstellungen des Quasikontraktrechts widmen besondere Kapitel den Irrtumsfällen, bei denen der Kläger auf Grund eines Vertrages leistet, der Vertrag aber aus tatsächlichen oder rechtlichen Gründen unwirksam ist. Wenn auch der Kläger hier unmittelbar die Kondiktion statt des Umweges über die Geltendmachung der Unwirksamkeit des Vertrages wählen kann, so wird doch sein Irrtum durch einen Vertragstatbestand vermittelt.[2] Man muß daher oft auf Auslegungsgrundsätze des Vertragsrechts zurückgehen, um die Wirksamkeit des zugrunde gelegten Vertrages zu prüfen.

Im Anschluß an die üblichen Einteilungen im Vertragsrecht werden im wesentlichen folgende Kategorien aufgestellt (die im System des deutschen Rechts zum Teil nach ganz anderen Gesichtspunkten behandelt werden):

1. Irrtum über die Person des Vertragsgegners,
2. Irrtum über den Gegenstand des Vertrages,
   a) Existenz,
   b) Identität,
   c) Beschaffenheit,
3. Irrtum über die Rechtsverhältnisse am Vertragsgegenstand,
4. Irrtum über die Verbindlichkeit von „illegal“ und „unenforceable contracts“.

Aus jeder dieser Gruppen seien nur einige wichtige Entscheidungen herausgegriffen.

Zunächst bedarf es der Abgrenzung von unentgeltlichen Zuwendungen zu Leistungen auf Grund eines Vertrages, d. h. für eine Gegenleistung (consideration) — formlose, nicht vollzogene Schenkungen sind im anglo-amerikanischen Recht unverbindlich. — Ist eine Zuwendung in der Absicht der Unentgeltlichkeit erfolgt, so fehlt ein Irrtum über die vertragliche Verpflichtung. Indessen geben einige Entscheidungen trotz mangelnden Irrtums dem Kläger einen Anspruch, wenn nur der Beklagte die Leistung für entgeltlich angesehen hat.[3] Kein Erfordernis der Billigkeit spricht

---

[1] Vgl. dazu Curti, II, S. 17 ff.; Anson-Gwyer, S. 161 ff.; Jenks-Schirrmeister, I, § 87.

[2] Vgl. über diese Unterscheidung auch Jenks-Schirrmeister, I, S. 546.

[3] Zitate bei Woodward, S. 97.

hier für den Kläger. Die Entscheidungen erklären sich vielleicht aus einem mit der consideration zusammenhängenden Mißtrauen gegen Schenkungen durch Aufstellung strengerer Beweiserfordernisse. Der Gedanke erscheint aber hier überspannt.[1]

Wegen ihrer praktischen Bedeutung sei die Rückforderung von Leistungen an einen Minderjährigen auf Grund eines mit diesem geschlossenen Vertrages erwähnt. Der Stand der im einzelnen recht ungeklärten Rechtsprechung zu dieser Frage, ist im wesentlichen folgender:

Ein mit einem Minderjährigen geschlossener Vertrag ist „voidable" (vernichtbar). Ist im Glauben an die Geschäftsfähigkeit und damit an die Gültigkeit des Vertrages geleistet worden, so kann der Minderjährige außer bei arglistiger Täuschung des Vertragsgegners seine Leistung stets zurückfordern. Dagegen kann der andere Teil vom Minderjährigen seine Leistung nur dann zurückfordern, wenn sie bei diesem noch vorhanden ist.[2]

Ist sie verausgabt, „wasted or expended",[3] so verlangt der hier überwiegende Schutz des Minderjährigen vor Nachteilen den Ausschluß des Herausgabeanspruchs (nicht so bei Geisteskranken, Betrunkenen usw.).[4] Es wird also hier in begrenztem Rahmen auf anderem Wege das gleiche Ergebnis erzielt wie im deutschen Recht allgemein durch die Auslegung des „Wegfalls der Bereicherung". (Vgl. über diese Frage § 7 a. E. und § 12.)

Über die Rechtsfragen bei Leistungen im Irrtum über die Person des Vertragsgegners und Gläubigers vgl. unten S. 130.

Die gleiche Subjektivierung zeigt sich in den Fällen des Irrtums über die Existenz des Vertragsgegenstandes. Im deutschen Recht entscheidet die objektive anfängliche Unmöglichkeit, unabhängig vom Irrtum, dessen Fehlen nur zu Schadensersatz führen kann (§ 307 BGB.). Im angelsächsischen Recht kommt es auf den beiderseitigen Irrtum an.[5] Bei Fehlen des Irrtums ist der Vertrag gültig,[6] die Leistung mit rechtlichem Grunde erfolgt. Wann aber ist Irrtum gegeben? Gerade hier — man denke an schwimmende Waren — nehmen die Parteien häufig das Risiko des Untergangs auf sich. Für seine getäuschten Hoffnungen darf sich der Leistende nicht durch die Kondiktion schadlos halten. Bei der Vertragsauslegung, die hier im angelsächsischen, so gut

[1] Dagegen auch Woodward, S. 78.
[2] Vgl. Woodward, S. 110 ff.
[3] Lake v. Perry 49 So. 573 (Miss.).
[4] Vgl. Woodward, S. 113.
[5] Vgl. hierzu die interessanten Ausführungen von Page, § 2670.
[6] Sheffield v. Hancock 146 N. W. 439 (Jowa).

wie im deutschen Recht vorzunehmen ist, zeigt sich wiederum die Neigung des ersteren, bei Zweifelsfällen nicht allzu sehr den Einzelnen zu schützen, sondern ihm die Verantwortung für geschäftliche Fehlschläge zu geben. So erklärt sich die viel erörterte Rechtsprechung zum „assignment of void patent".[1]

Es ist zunächst zwischen dem Verkauf von Lizenzen zur Ausbeutung patentunfähiger Erfindungen und dem Verkauf nichtiger Patente zu unterscheiden.

Früher wurde in beiden Fällen ein Bereicherungsanspruch des Verkäufers abgelehnt.

Im ersten Fall wird auch jetzt noch allgemein in England und Amerika eine Pflicht zur Herausgabe der gezahlten Lizenzgebühr verneint.[2] Dies stimmt mit dem deutschen Recht nur für die Fälle überein, wo der Käufer wohl an die Gültigkeit des Patentes glaubte, der Vertrag aber nur die Lizenz zur ausschließlichen Verwertung der Erfindung, deren Verwertungsfähigkeit nicht garantiert war, zum Inhalt hatte.[3] In diesen Fällen ist die vertragliche Leistung trotz Nichtigkeit des Patentes erbracht. — Die deutsche Rechtsprechung nimmt aber mangels besonderer Vereinbarung Haftung für den Bestand des Patentes an,[4] allerdings nur für seine technische Ausführbarkeit, nicht für seine gewerbliche Verwendbarkeit.[5]

Bei dem Verkauf nichtiger Patente mußte aber eine nicht formalistische Auslegung dazu führen, nur ein gültiges Patent als gekauft anzusehen und wegen Irrtums über die Existenz des Kaufgegenstandes und damit über das Zustandekommen des Vertrages die Kondiktion zu gewähren. Im deutschen Recht ist der Verkauf eines angeblichen Patentes auf eine in Wahrheit nicht patentierte Erfindung wegen anfänglicher Unmöglichkeit nichtig[6] (§ 306) und damit der gezahlte Preis kondizierbar. Die rückwirkende Vernichtung des Patentes (§ 10 Pat.-Ges.) allerdings macht den Vertrag nicht rückwirkend nichtig, da der tatsächliche Bestand in der Zwischenzeit eine mögliche Leistung war. Von den zahlreichen englischen und amerikanischen Entscheidungen, die das Rückforderungsrecht versagten, beruhten indessen nur wenige auf einem anderen ausdrücklichen Vertragswillen der Par-

---

[1] Vgl. Woodward, S. 104.
[2] Crossley v. Dixon (1863) 10 H. L. Cas. 192.
[3] Vgl. RG. in LZ. 07, 342.
[4] Vgl. RG. in JW. 1912, 139[12].
[5] Damme-Lutter, Patentrecht, 3. Aufl., S. 492; RGZ. 75, 402; 78, 63 ff.
[6] RGR. Komm. 6. Auflage, S. 489.

teien.[1] Im übrigen gingen die Gerichte davon aus, daß der Käufer im Zweifel das Risiko trage. Die neuere Entwicklung der amerikanischen Rechtsprechung zeigt im Gegensatz zu der konservativen englischen Rechtsprechung eine Abschwächung des Risikogedankens zugunsten einer feineren Abwägung der Interessen. Nichtigkeit des Patents berechtigt danach zur Rückforderung des Kaufpreises.[2] Auf parallele Erscheinungen ist bei der Behandlung des Rechtsirrtums hingewiesen worden.

Der Mangel oder die Fehlerhaftigkeit des verkauften Rechts führt nicht zur Nichtigkeit des Vertrages und damit auch nicht zur Kondiktion der im Vertrauen auf seine Gültigkeit erbrachten Leistung. Hat der Beklagte das Recht garantiert (warranty of title), so haftet er auf Schadenersatz;[3] andernfalls hat der Käufer nur gekauft, was der Verkäufer liefern konnte. Im deutschen Recht ist hier nur bei objektiver anfänglicher Unmöglichkeit der Vertrag nichtig (§ 366 BGB.). Bei subjektivem Unvermögen und Fehlerhaftigkeit greift im deutschen Recht die Rechtsmängelhaftung ein (§ 437 BGB.).

Nur aus der noch mangelnden Anwendung der Quasikontraktnormen auf alle Rechtsgebiete erklärt sich eine Reihe von Entscheidungen über Leistungen aus nicht genehmigten Verträgen eines vollmachtlosen Vertreters. Diese lehnen nämlich jeden Anspruch, auch des gutgläubigen Dritten, der mit dem vollmachtlosen Vertreter kontrahiert, gegen den Vertretenen ab, selbst wenn die Leistung des Dritten dem Vertretenen zugute kommt. (Darlehen zur Deckung der Geschäftsschulden oder sonstiger Verbindlichkeiten des Vertretenen[4]) Der Ablehnung lag stets der Gedanke zugrunde, daß sonst ohne Einwilligung des Beklagten sich ihm ein Gläubiger aufdrängen wolle (vgl. unten S. 130). Wenn aber ein „officious acting" (aufdringliches Handeln) des Klägers gar nicht behauptet wird, dieser vielmehr, wie meist, an die Vertretungsmacht des Gegners glaubte, kann dieser Satz nicht zur Anwendung kommen. Er würde jede außervertragliche Verpflichtung in Frage stellen. — Eine Reihe neuerer Entscheidungen erkennen denn auch eine Equity-Verpflichtung des bereicherten Vertretenen an.[5] Der Grund

[1] Vgl. Johnson v. Wellimantic Linen Co. (1866) 33 Conn. 436.
[2] Herzog v. Heyman (1897) 151 NY 587 und Zitate bei Woodward, § 62.
[3] Moore v. Williams, 22 N. E. 233 (N. Y.).
[4] Spooner v. Thompson (1876), 48 U. 259; Otis v. Inhabit. (1884) 76 Mo. 506.
[5] Blackburn Building Society v. Cunliffe 48 LTR. 33.

der Haftung wird vielfach in dem Quasi-Darlehen gesehen, das der principal durch Bezahlung seiner Schulden mittels des vom Kläger hingegebenen Geldes erlangt habe.[1] Bisweilen wird die Haftung auch aus trust hergeleitet.[2] Jedenfalls erfordert gegenüber der hier starr und verkehrsfeindlich wirkenden Formel des „officious acting“ die Billigkeit, daß der Beklagte nicht seine Schulden auf Kosten des gutgläubigen Klägers zahlt, eine Erwägung, die im römischen Recht zur actio de in rem verso führte. Selbst wenn der Irrtum des Klägers über die Vertretungsmacht fahrlässig ist (z. B. infolge mangelnder Verwertung der ihm bekannten Tatsachen), sollte nach allgemeinen Regeln mangels Wegfalls der Bereicherung die Haftung anerkannt werden (vgl. unten S. 93 ff.).

Im deutschen Recht besteht kein Zweifel, daß die Möglichkeit gegen den falsus procurator einen Anspruch auf Erfüllung des Vertrages geltend zu machen (§ 179 BGB.) den Bereicherungsanspruch gegen den Vertretenen nicht ausschließt, soweit der Gegner den Erfüllungsanspruch nicht geltend macht.[3]

Die Kondiktion von Verwendungen wegen Irrtums über die Rechtsverhältnisse an der Sache, wird unter dem Gesichtspunkt des Verwendungsersatzes unten S. 131 kurz behandelt werden.

In den bisher erörterten Fällen („void contracts“) war stets ein Mangel im Zustandekommen des Vertrages Grund der Unwirksamkeit, folglich der Kondiktion. Nach besonderen Grundsätzen beurteilen sich demgegenüber die Leistungen aus Verträgen, die wegen inhaltlicher Gesetzwidrigkeit (illegality) nichtig sind (vgl. §§ 134, 138 BGB.). Im allgemeinen greift hier aus Gründen der public policy ein Gericht überhaupt nicht in die Rechtsbeziehungen der Parteien ein; eine Ausnahme gilt vor allem dann, wenn der Kläger die Ungesetzlichkeit des Vertrages nicht kennt. Dann liegt der gewöhnliche Fall der condictio indebiti vor. Infolgedessen wird auch der hier besonders häufige Rechtsirrtum nach den allgemeinen Regeln behandelt.[4] Die Einzelfragen, z. B. die Kondiktion bei beiderseitiger Sittenwidrigkeit, können hier nicht näher behandelt werden.[5]

Eine eigenartige Rolle spielen die „unenforceable contracts“.

---

[1] Ligget v. Barclays Bank (1928) 1 K. B. 48; 137 LTR. 443, Z. Ausl. Int. P. R. 3, 126.

[2] Evans v. Garloch (1885) 37 N. Y. Sup. Ct. 588.

[3] RG. JW. 1919, S. 715, mit zust. Anm. von Oertmann.

[4] Harse v. Pearl Life Assur. Co. (1904) 1 H. B. 558.

[5] Vgl. dazu im einzelnen Keener, S. 267 ff.; Woodward, S. 215 ff.

d. h. vor allem solche Verträge, denen wegen Verstoßes gegen zwingende Formvorschriften (statute of frauds) keine Vertragsklagen zur Seite stehen, deren Inhalt aber erlaubt ist und deren Erfüllung von der Rechtsordnung nicht mißbilligt wird. Die Rechtsnatur dieser Verträge ist sehr streitig.[1] Neuerdings setzt sich mit Recht die Ansicht durch, daß gegen das Statute of frauds verstoßende Verträge nicht „void" (nichtig) sind, sondern nur „unenforceable" (unerzwingbar),[2] wenn sie nicht ausdrücklich für nichtig erklärt sind. Daß die Gerichte derartige Verträge überwiegend materiell als wirksam ansehen und den Formvorschriften nur prozessuale Bedeutung beimessen, zeigt sich gerade im Quasikontraktrecht. Die Regelung ist folgende: Verweigert der Beklagte die Leistung unter Berufung auf die Unerzwingbarkeit, so kann der Kläger seine Leistung zurückfordern.[3] Verweigert aber der Kläger nach Teilleistung weitere Erfüllung, so hat er nach der überwiegenden Meinung von Rechtsprechung und Literatur kein Recht, seine bisherigen Leistungen zurückzuverlangen.[4] *„Strictly speaking the statute does not make the contract void, except for the purpose of sustaining an action upon it, to enforce it ..... It does not make the performance .... unlawful ..... The contract, so far as the service has been performed, is executed".*[5] Die Rechtswirkung des unenforceable contract nähert sich somit weitgehend der unserer Naturalobligationen, deren Erfüllung nicht wegen ihrer Unerzwingbarkeit kondiziert werden kann. Dieses Ergebnis ist im amerikanischen Recht von Gerichten und Schriftstellern angegriffen worden, da die Abweisung der Kondiktion eine Umgehung der Formvorschriften begünstige.[6] Die Stellungnahme zu dieser Frage muß davon abhängen, welche Bedeutung man den Formvorschriften des Statute of Frauds zuerkennt. Bemerkenswert ist noch, daß die Gerichte zwischen Tat- und Rechtsirrtum hier nicht unterscheiden. Gerade in diesen Fällen wird Rechtsirrtum als Ursache des Glaubens an die Verbindlichkeit des Vertrages häufig sein. Die Abweichung von der Re-

---

[1] Vgl. Page, §§ 1398 ff.

[2] Page, § 1404; Pollock, S. 701.

[3] Woodward, S. 145.

[4] York v. Washburn (1902) 118 Fed. 316; Johnson v. Puget (1902) 68 Pac. 867 (Wash.).

[5] Philbrok v. Belknap (1834) 6 Vt. 383; bei Woodruff, S. 107.

[6] King v. Welcome (1857) 5 Mass. 41; Bentley v. Smith (1907), 59 S. E. 720 (Ga. App.); Woodward, S. 154 ff.

gel erklärt sich aber wohl aus der besonderen Stellung der unenforceable contracts. Bei Anwendung der allgemeinen Regeln über Rechtsirrtum wäre eine Kondiktion praktisch fast in allen Fällen ausgeschlossen.

B. Grundlagen eines Systems der ungerechtfertigten Bereicherung im Recht der quasi-contracts.

§ 7.

Der Begriff der Bereicherung ist das gemeinsame Element aller Arten von Bereicherungsansprüchen. Auf ihm beruht die besondere wirtschaftliche und soziale Funktion des Bereicherungsrechts als des Mittels zum Ausgleich ungerechtfertigter Vermögenslagen. Dabei kann einstweilen dahingestellt bleiben, inwieweit die Bereicherung von der einzelnen Rechtsordnung mehr wirtschaftlich auf den erlangten Vermögenswert oder mehr konstruktiv auf die durch abstrakte Übertragung ohne Grund erlangte Sache abgestellt wird.[1] Jedenfalls bedarf es eines besonderen Bereicherungsbegriffs.

Im deutschen Recht bedeutet der Bereicherungsbegriff ein Doppeltes. Bei den eigentlichen Bereicherungsansprüchen gibt er zugleich Grund und Umfang des Anspruchs. In anderen Fällen (z. B. § 516 BGB.) dient die Bereicherung nur als Haftungsgrenze.

Im angelsächsischen Recht hat der Begriff des „Enrichment" oder „Benefit" eine noch zentralere Bedeutung. „Unjust enrichment" ist das verbindende Element aller quasi-contract-Ansprüche.[2] Es bringt unter den Bereicherungsgedanken auch Rechtsverhältnisse, die das deutsche Recht nach anderen Gesichtspunkten, wenn auch in gewissem Zusammenhang mit dem Bereicherungsrecht behandelt. (Vor allem Geschäftsführung ohne Auftrag, Ersatz von Verwendungen, vgl. näher unter S. 129 ff.) Er gibt ferner den einzelnen Bereicherungs-Tatbeständen die gemeinsame Grundlage.

Das folgende Kapitel gibt also mit der Behandlung des „Enrichment" einerseits den Abschluß in der Erörterung der besonderen Tatbestandsvoraussetzungen der condictio inde-

---

[1] Vgl. hierzu unten § 20.

[2] Vgl. Keener, Woodward, Ames a. a. O.

biti, andererseits den Übergang zu den anderen Bereicherungstatbeständen.

Worauf der Herausgabeanspruch aus quasi contract gerichtet ist, ist daher auch die am eingehendsten erörterte Frage in der amerikanischen Quasikontraktlehre. Der Beklagte hat das „enrichment" herauszugeben. Vieles ist hier in Übereinstimmung mit dem deutschen Recht. „Enrichment" ist nicht die durch das einzelne Rechtsgeschäft erlangte Leistung, sondern das, was der Beklagte in „conscience and equity" herausgeben muß, das heißt der nach der Gesamtstellung des Beklagten ungerechtfertigte Erwerb. Infolgedessen sind alle Gegenansprüche und sonstigen Vorteilsminderungen auf die empfangene Leistung anzurechnen.[1] Schon Lord Mansfield entschied,[2] daß der Beklagte, der für den Kläger eine Summe empfangen und diese unter Abzug seiner Forderungen abgeliefert hatte, nicht mit seinen Ansprüchen erst aufzurechnen brauchte, weil der Kläger nicht mehr verlangen könne, als was „...*remains after deducting all just allowances which the defendant had a right to retain.*" Alle Verluste, die der Empfänger der Leistung, wenn auch nicht aus dem gleichen Rechtsgeschäft, so doch im wirtschaftlichen Zusammenhang damit erlitten hat, sind von der Bereicherung abzuziehen. In Kingston Bank v. Eltinge[3] hatten Kläger und Beklagter Forderungen gegen einen Dritten. Der Erlös einer Pfändung wurde mit Zustimmung des Klägers dem Beklagten zugeteilt, weil der Kläger glaubte, daß der Beklagte das Vorrecht habe. Tatsächlich hatte der Beklagte nicht diese Sache gepfändet. Der Erlös hätte dem Kläger gebührt. Die Herausgabepflicht wurde verneint, weil infolge des Empfangs dieses Geldes der Beklagte ein Pfandrecht an einem Grundstück des Schuldners aufgegeben hatte und der Kläger sich später aus dem so entlasteten Grundstück noch voll befriedigen konnte, also gar keinen Schaden erlitt. Das Gericht führte aus, daß „...*the defendant received no more than his due and thereupon relinquished a lien from which plantiff derived full as much benefit as if it had itself received the money.*" Die Bereicherung wurde hier nicht nach dem Erwerb aus dem einzelnen Rechtsgeschäft beurteilt, sondern nach der Gesamtheit der wirtschaftlichen Vorgänge.

Aus alldem folgt, daß der Begriff des „enrichment" wirt-

---

[1] Vgl. für das deutsche Recht RGZ. 86, 343; 105, 29; 106, 4.

[2] Dale v. Sollet (1767) 4 Burr. 2133, bei Thurston, S. 22.

[3] (1876) 66 N. Y. 625, 627.

schaftlich zu verstehen ist. Auf den Vermögenszuwachs, nicht auf den Erwerb des vielleicht wertlosen Rechts kommt es an.

Wenn trotzdem der Begriff des „enrichment“ oder „benefit“ der amerikanischen Theorie und Praxis noch große Schwierigkeiten bereitet, so beruht dies darauf, daß im angloamerikanischen System bisher noch eine Reihe von Rechtsverhältnissen auf quasi contract gegründet werden, die im System des BGB. nicht zum Bereicherungs-, sondern zum Vertragsrecht gehören. Hierher rechnen vor allem:

1. Aufwendung von Arbeit und Material auf Grund eines Werkvertrages, wenn das Werk ohne Verschulden des Unternehmers vor Ablieferung untergeht.

2. Aufwendungen und Verwendungen im Vertrauen auf die Gültigkeit eines unverbindlichen (unenforceable) Vertrages.

Die amerikanische Lehre hat nun versucht, für alle quasi contracts, auch die nicht bereicherungsrechtlicher Natur, den Umfang der Rückgewährpflicht einheitlich durch den Begriff des „benefit“ zu bestimmen.[1]

Die sich hieraus ergebenden Schwierigkeiten zeigt am klarsten der Fall Fabian v. Wasatch Orchard.[2] — Die Beklagte, eine Gesellschaft, die den Großanbau und Verkauf von Obst und Gemüse betrieb, hatte dem Kläger für den Bezirk des Staates Utah das Recht des alleinigen Kommissionsverkaufs ihrer Produkte übertragen. Der Vertrag war aus verschiedenen Gründen „unenforceable“. Der Kläger, im Glauben an die Verbindlichkeit des Vertrages, machte erhebliche Aufwendungen für Propaganda, Spesen etc. Den Erlös der verkauften Waren lieferte er an die Beklagte ab. Mit der Klage verlangte er Wertersatz für Arbeit und Auslagen. Beide Parteien beriefen sich auf den anerkannten Rechtssatz, daß bei formungültigen Verträgen für Leistungen von Geld oder Diensten insoweit Wertvergütung zu leisten sei, als der Beklagte ein „benefit“ erhalten habe[3] Die Beklagte machte geltend, sie habe durch die Dienste des Klägers kein „benefit“ gehabt; denn er habe ihre Produkte zu Preisen, die unter den Selbstkosten lagen, verkauft. Das Gericht entschied für den Kläger: „... *One, who on faith of a contract, rendered services for the adversary parthy, who, with knowledge, accepted them and received the benefit of them and repudiated the contract, he may re-*

[1] Woodward, §§ 9, 107, 125; 20 Col. L. R. 602 (920).
[2] (1912) 125 Pac. 860 (Utah).
[3] Browne, Statute of Frauds § 18 a.

cover on a quantum meruit the reasonable value thereof — not the profit or gain .... nor the loss suffered by the other party, but compensation for the reasonable value of the services..."[1] Das Gericht gewährt den Anspruch also als Ersatz des Wertes der Aufwendungen an Arbeit und Kosten. Ein „benefit" hatte die Beklagte nicht erhalten; denn nach dem Tatbestand des Urteils war sie auch nicht um die Ersparnis von Aufwendungen für sonst erforderliche Arbeitsleistungen bereichert (vgl. zu dieser Frage unten Seite 63). Von einem „benefit" spricht die Entscheidung hier offenbar nur in dem Sinne, daß der Beklagten Arbeit und Aufwendungen des Klägers zugute kamen, wenn auch ohne Vermögenszuwachs. Dann aber ist „benefit" hier nur eine ungenaue Motivierung für die Gewährung eines Anspruchs; nicht aber bezeichnet es die Tatsache einer Bereicherung und den Umfang der Herausgabepflicht des Beklagten. Die beiden Möglichkeiten: Herausgabe der Bereicherung (Wert für den Beklagten) und Ersatz der Aufwendungen (Wert für den Kläger) sind streng zu scheiden. Hier war die letztere gegeben. Die Scheidung ist aber in der Lehre des Quasikontraktrechts bisher nicht durchgeführt.

Die daraus folgende Unsicherheit zeigt z. B. eine neuere kleinere Abhandlung,[2] welche die zum Teil widersprechenden Entscheidungen daraus erklärt, daß manche unter „benefit" „actual enrichment" (Vermögensvermehrung), manche nur „change of title" (Übergang des Rechts) verstehen. Z. B. habe bei zufälligem Untergang eines dem Beklagten zu liefernden Werkes, auf das Arbeit und Material verwendet worden sind, der Beklagte ein „empty benefit" (!) erhalten. Der Wertersatzanspruch sei hier gerechtfertigt, weil der Beklagte die Leistung verlangt habe. Der Verfasser der Note kommt zu dem Ergebnis, daß eine, alle Fälle deckende Formulierung des Begriffs „enrichment" nicht möglich sei.

Der Vergleich mit dem deutschen Recht bietet einen Schlüssel zur Lösung für das angelsächsische System. Für die oben erwähnte Gruppe zu 1) schließt § 644 BGB. innerhalb des Vertragsrechts jeden Anspruch auf Ersatz der Aufwendungen aus. Die Gefahr des Untergangs trägt der Unternehmer. Für die Gruppe zu 2) folgt aus § 994, Abs. 1 i. V. m. § 990 BGB. ein von der Bereicherung des Empfängers unabhängiger Ersatzanspruch, soweit

[1] Vgl. auch 26 L. R. A. (NS. 810).

[2] 20 Col. L. R. 603 (1920).

es sich um notwendige Verwendungen auf Sachen handelt. Für andere Verwendungen kann auch der gutgläubige Besitzer nur Ersatz verlangen, soweit die Werterhöhung fortdauert (§ 996 BGB.). Für nicht werterhöhende Aufwendungen, etwa Propagandaspesen, kann bei Nichtigkeit des Vertrages Ersatz nicht verlangt werden. Der Gesichtspunkt der Geschäftsführung ohne Auftrag versagt, da z. B. der Kommissionär diese Aufwendungen im eigenen Interesse macht.[1]

Auch im amerikanischen Recht ist der Empfang der Leistung nicht der Grund für die Gewährung eines Anspruchs. Geht, wie in den Fällen zu 1) der zu leistende Gegenstand unter, so ist dies selbstverständlich; denn es ist nichts empfangen. Die Fälle zu 2) werden aber ausdrücklich nach dem gleichen Grundsatz behandelt. Die Haftung soll nämlich bei beiden darauf beruhen, daß der Kläger die Leistung auf Wunsch (request) des Beklagten erbracht hat.[2] Ein ganz anderer und vom Bereicherungsrecht völlig loszulösender Gesichtspunkt liegt hier zugrunde. In den Fällen zu 1) beruht die Haftung auf dem Vertrage. Die Gefahrtragung ist positivrechtlich anders geregelt wie in § 644 BGB. In den Fällen zu 2) beruht die Haftung auf Gründen teils des Auftragsrechts, teils des Rechts der negotiorum gestio. Der Wunsch des Beklagten führt zwar nicht zu der gewollten vertraglichen Bindung, aber er äußert doch rechtliche Wirkungen, die gemäß der eigenartigen Natur der „unenforceable contracts" teils vertraglicher, teils außervertraglicher Art sind. Das Leisten des Klägers, nicht das Haben des Beklagten ist Grund und Maß des Anspruchs. Darum sind diese Fälle völlig aus dem Zusammenhang des „enrichment" loszulösen. Alle bisherigen Versuche einer Zusammenfassung weisen in diese Richtung. Gemeinsame Definitionen konnten sich stets nur mit Fiktionen, wie „empty benefit" oder Unterscheidungen zwischen „gain" und „benefit" helfen. In Wahrheit haben die eben erörterten Fälle mit dem Begriff des „benefit" nichts zu tun.

Für die im deutschen Recht so eingehend entwickelte Frage, was Gegenstand der Bereicherung sein kann, ist im angelsächsischen Quasikontraktrecht der Rahmen durch das Aktionensystem enger gezogen (vergleiche oben S. 26). Auch heute gibt es noch keine umfassende Formel, wie „etwas durch Leistung eines anderen oder

---

[1] Vgl. R. G. Gruchot 52 S 1002.

[2] Woodward, S. 171, 196; 20 Col. L. R. 603.

auf sonstige Weise erlangen". Daher konnten sich Verfeinerungen, wie Erwerb eines Anwartschaftsrechts, eines Rechtsscheins,[1] einer Buchrechtsstellung[2] als Gegenstand des Herausgabeanspruchs nicht entwickeln. Wenn das angelsächsische Recht hierzu noch gelangen soll, so genügt dafür nicht die allmählich fortschreitende Verallgemeinerung des Bereicherungsgedankens. Es muß die dem angelsächsischen Recht an sich fremde Vergeistigung des Bereicherungsbegriffs, die Loslösung vom konkreten Objekt, hinzukommen. Ein Ansatz hierzu zeigt sich in der beschränkten Möglichkeit, einen Anspruch auf die Befreiung des Anspruchgegners von einer Verbindlichkeit zu stützen. Dieses Problem ist bisher wohl deshalb wenig erörtert, weil es im angelsächsischen Recht einerseits nur in beschränktem Maße die Möglichkeit der Erfüllung fremder Schulden gibt, andererseits auch bei Befreiung des Schuldners durch Leistung eines Dritten nur in gewissen Fällen ein Ersatzanspruch gegen den Schuldner gegeben ist. Inwieweit ein Bereicherungsanspruch auf Befreiung von einer Schuld dann gestützt werden kann, wenn der Kläger auf Anweisung seines vermeintlichen Gläubigers dessen Schuld an einen Dritten erfüllt hat, im Irrtum über seine Verpflichtung dem Anweisenden gegenüber, darüber vgl. unten § 9. Hat der Kläger ohne Irrtum an den Dritten die Schuld des Beklagten gezahlt („money paid to the use of another"), so ist im amerikanischen Rechte bestritten, ob diese Leistung den Schuldner befreit. Auch wenn dies bejaht wird, kann der Leistende aber nicht von dem Schuldner Erstattung verlangen,[4] denn nach angelsächsischem Recht kann sich niemand willkürlich zum Gläubiger eines anderen machen. Liegt hingegen eine „dutiful intervention" des Klägers vor, d. h. eine durch besondere Umstände erforderliche und erwünschte Geschäftsführung (vgl. § 679 BGB.), so hat er einen Erstattungsanspruch gegen den Schuldner. „Dutiful intervention" wird hier nicht nur bei öffentlichem Interesse (Unterhaltszahlungen) angenommen, sondern auch bei Eingreifen im wohlverstandenen Interesse des Beklagten (Zahlung rückständiger Ab-

---

[1] RGRKomm. § 812, Anm. 1.

[2] RGZ. 119, 332; JW. 1928, 2442.

[3] Page, § 2821.

[4] Page, a. a. O., S. 4992 unten. First Nat. Bank v. Fairchild 225. N. W. 32 (Neb.); In re Malko Milling a. Lighting Co. 32 Fed. (2d ser.) 825 (1929).

gaben des Vorpächters durch den Nachpächter.[1] Die Befreiung von der „legal obligation" ist dann das „benefit", das der Beklagte durch den Kläger erlangt hat.[2] Insofern erstreckt sich schon nach geltendem Recht der Begriff der Bereicherung auf die Befreiung von einer Verbindlichkeit. Von grundsätzlicher Bedeutung ist hierbei die dem anglo-amerikanischen Recht sonst fremde Auflösung eines Leistungsvorgangs in seine rechtliche Erfüllungswirkung und die tatsächliche Wirkung der Hingabe. Dieser Punkt ist noch weiter unten eingehend zu behandeln.

Wie zögernd das angelsächsische Rechtsdenken die Befreiung von einer Verbindlichkeit als Form der Bereicherung anerkennt, zeigen die Entscheidungen, die dem Geber des von einem vollmachtlosen Vertreter empfangenen und für den principal verwendeten Geldes einen Bereicherungsanspruch gewähren (oben S. 53). Hier liege ein Quasi-Darlehen vor, mit dem der Kläger die Schulden des Beklagten bezahlt habe.[3] Die Verwendung der Darlehensfigur ist nur als Veranschaulichung richtig. Daß sie für alle Fälle der irrtümlichen Zahlung fremder Schulden nicht ausreicht, zeigt neuestens die englische Entscheidung Liggett v. Barclays Bank.[4] Die beklagte Bank hatte nicht ordnungsgemäß ausgestellte Schecks der Klägerin ohne sorgfältige Prüfung eingelöst und die Klägerin mit den gezahlten Beträgen belastet. Die Klägerin verlangte Erstattung dieser Beträge. Die Beklagte leitete ihr Recht zur Belastung der Klägerin daraus her, daß die ausbezahlten Beträge zur Begleichung von Warenschulden der Klägerin verwandt worden seien, also aus ungerechtfertigter Bereicherung. Das Gericht ging von dem, wenn auch nicht allgemein (vgl. oben S. 53) anerkannten Satze aus, daß bei Hingabe von Geld an einen vollmachtlosen Vertreter, das dem Vertretenen zugute gekommen sei, letzterer dem Geldgeber aus Quasi-Darlehen hafte. Dieser Satz konnte aber hier nicht unmittelbar Anwendung finden, weil das Konto der Klägerin aktiv war, die beklagte Bank das Geld also nicht vorgeschossen, sondern dem Konto der Klägerin entnommen, bezw. es durch einen gleichwertigen banktechnischen Vorgang mit der Zahlung belastet hatte. Der Richter, obgleich ohne Präjudizien, dehnte indessen mit Recht den Anspruch der Bank auf diese Fälle aus,

[1] Moule v. Gavrett, L. R. 7, Ex. 101.
[2] Woodward, S. 312.
[3] Blackburn v. Cunliff 48 L. T. R. 33.
[4] (1928) 1 K. B. 48; 137 L. T. R. 443; Z. Ausl. Int. PR. 3, 169.

weil auch hier „*the payment went to discharge a legal liability of the customer*". Die Schwierigkeit der Begründung des unzweifelhaft richtigen Ergebnisses beruht auch hier auf dem Fehlen eines allgemeinen Bereicherungsanspruchs wegen ungerechtfertigter Befreiung des Anspruchsgegners von einer Verbindlichkeit. Ob es sich dabei um einen Bankkunden handelt und ob dieser ein aktives oder passives Konto hat, ist eine für die bereicherungsrechtliche Frage unerhebliche Zufälligkeit.

Verwandt, wenn auch nicht identisch mit der vorigen, ist die Frage, ob die Ersparnis von Aufwendungen eine Bereicherung darstellen kann. Die grundsätzliche Bedeutung dieses Problems liegt zunächst in der damit verbundenen Erweiterung des Bereicherungsanspruchs, sodann in der Verfestigung der einmal entstandenen, auf Herausgabe von Sachen gerichteten Bereicherungsforderung. In der Mehrzahl der Fälle wandelt sich der empfangene positive Vermögenswert in den negativen der Ersparung von Ausgaben und verhindert damit den Wegfall der Bereicherung. Im deutschen Recht ist diese Form der Bereicherung seit langem anerkannt. Nur wenn der Empfänger infolge der erlangten Bereicherung erhöhte Ausgaben gemacht hat, hat er nichts erspart und damit die Bereicherung verloren.[1] Die Grenzziehung im Einzelfall ist allerdings oft schwierig. Auf die Verhältnisse und Lebensgewohnheiten des Bereicherten ist abzustellen.[2] Im angelsächsischen Recht fehlt es an jeder grundsätzlichen Behandlung.

Vereinzelt ist das Problem indessen aufgetaucht und zwar beim „waiver of tort", bezüglich der unerlaubten Benutzung fremder Sachen. Waiver of Tort setzt eine Haftung aus Delikt und das Vorhandensein einer Bereicherung voraus. Indessen begründet schon die Verletzung des fremden Besitzrechts als „trespass" eine Haftung auf tort auch ohne Nachweis eines Schadens.[3] Hier sind nur „nominal damages" zu ersetzen.[4] Gerade in diesen Fällen wird dem Deliktsgläubiger oft daran liegen, vom Gegner statt des Nominalschadens die von diesem durch die Benutzung erlangten Vorteile herauszuverlangen. Gegen die Erben des Täters versagt außerdem der Deliktsanspruch in vielen Fällen, ebenso wie die Erben des Geschädigten nur teilweise zur Geltend-

---

[1] Zitate bei Planck-Landois zu § 818, 5a.
[2] Oertmann, § 818, 3b; RGZ. 72, 4.
[3] Chapin, on Torts, S. 71, 348.
[4] Vgl. hierzu Curti II, S. 67.

machung der Ansprüche ihres Erblassers berechtigt sind.[1] Hier führte also das praktische Bedürfnis dazu, die Grenzen des Bereicherungsbegriffs zu prüfen.

Der instruktivste Fall dazu ist Philipps v. Homfray.[2] Der Beklagte hatte über einen zum Grundstück des Klägers gehörigen Weg ohne dessen Zustimmung längere Zeit Kohlen transportiert. Es war nicht nachzuweisen, daß der Kläger hierdurch im Gebrauche beeinträchtigt oder sonst geschädigt worden war. Die Bereicherungsklage wurde zurückgewiesen: „... *The difficulties of extending the principle to this case appear to us insuperable ... The circumstances under which he used the road appear to us to negative the idea that he meant to pay for it. Nor have the assets of the defendant been necessarily swollen. He saved his estate expense, but he did not bring into it any additional property or value belonging to another person ...*" Ein überstimmter Richter meinte dagegen: „*A gain to the wrongdoer by the work and labor of another does not necessarily imply a diminution of the property of such other person ...*"

Mit aller Entschiedenheit bejahen auch Keener[3] und Woodward,[4] daß „saving expenses" eine Bereicherung sei, da vom Standpunkt der Billigkeit keinerlei Unterschied zur Leistung von Gegenständen bestehe. Die zu beobachtende Tendenz zur Verallgemeinerung des Bereicherungsgedankens wird sicherlich in absehbarer Zeit zur allgemeinen Einbeziehung dieser „negativen" Bereicherung führen.[5]

Die Entscheidung enthält jedoch noch ein anderes, ungleich schwierigeres, in der Entscheidung von dem ersten nicht klar geschiedenes Problem. Steht, eine Vermögensvermehrung des Beklagten durch Ersparnis von Ausgaben vorausgesetzt, ihr eine entsprechende Vermögensminderung auf seiten des Klägers gegenüber? Dieses leitet zu dem Erfordernis des „at expense of the plaintiff", der Vermögensverschiebung auf Kosten des Klägers über.

§ 8.

Unter diesem Tatbestandsmerkmal werden im deutschen Recht zwei Probleme behandelt, erstens der Begriff der Ver-

---

[1] Vgl. Curti II, S. 105.
[2] (1883) 24 Ch. D. 439, 460, 462.
[3] S. 164 ff.
[4] S. 442 ff., zustimmend Williston, § 1575 a. E.
[5] Vgl. auch 20 Col. L. R. 604.

mögensminderung entsprechend dem der Bereicherung auf der anderen Seite und zweitens die Unmittelbarkeit der Vermögensverschiebung zwischen Kläger und Beklagtem.

Für den Begriff der Vermögensminderung gilt im Quasikontraktrecht das Entsprechende wie für den der Vermögensmehrung. Aus den gleichen Gründen wie dort sind daher nicht „at expense of the plantiff" Verluste von Erwerbsmöglichkeiten, Scheinrechtsstellungen etc. Der Fall Philipps v. Homfray zwingt zu der Prüfung der Grenzfrage, ob der Begriff der für den Bereicherungsanspruch erforderlichen Vermögensminderung sich mit dem des Schadens deckt. Dieses Problem ist umso interessanter, als es für das deutsche Recht von der gleichen grundsätzlichen Bedeutung, aber bisher sehr stiefmütterlich behandelt ist.

Bei der Benutzung einer fremden Anlage ohne Wertbeeinträchtigung oder Gewinnverlust des Berechtigten ist der dem Beklagten durch die Unentgeltlichkeit der Benutzung erwachsene Vorteil schwer als entsprechende Minderung auf seiten des Klägers festzuhalten. Gerade die oft betonte konkrete Betrachtungsweise des anglo-amerikanischen Rechts mußte hier auf Schwierigkeiten stoßen. So heißt es in Philipps v. Homfray: „... *The deceased ... by carrying his coal in secret over the plantiffs roads took nothing from the plantiff.*" Eine andere Entscheidung, wo es sich um die rechtswidrige Benutzung eines durch Patent geschützten besonderen Pflasterungsverfahrens handelte,[1] sagt: „*But what property ... has the defendant appropriated? And is the defendant now in possession or in enjoyment of anything embraced within the patent? Do the facts show anything more than a wrong done?*" Charakteristisch ist, daß Woodward diese Entscheidungen unter einem Kapitel: „The taking of intangible things"[2] bringt. Das nicht Greifbare der Verschiebung in diesen Fällen ist entscheidend für die Stellungnahme der amerikanischen und englischen Gerichte. Eine neuere Bundesgerichtsentscheidung[3] zeigt eine andere Tendenz, wenn auch auf Grund eines nicht ganz gleich liegenden Tatbestandes. Es handelte sich um die Bereicherung, die der Beklagte dadurch empfangen hatte, daß er den Kläger aus einem Vertrage gedrängt und dadurch um den Gewinn gebracht hatte. Der Richter führte hier aus: „*The*

[1] Schillinger v. United States (1894) 153 U. S. 163.
[2] S. 442.
[3] Fed. Sugar Refin. Co. v. United States, 268 Fed. 575 (1920).

point is not whether a d e f i n i t e s o m e t h i n g was taken away from the plaintiff and added to the treasury of the defendant. The point is whether the defendant unjustly enriched himself by doing wrong to the plaintiff." Hier wird das Schwergewicht auf das unerlaubte Handeln des Beklagten gelegt, aber die Haftung nicht auf die „nominal damages" beschränkt, sondern auf die ganze Bereicherung erstreckt, aus dem richtigen Billigkeitsempfinden heraus, daß der Vorteil eher dem Kläger als dem Beklagten gebühre. Auch K e e n e r[1] betont das Moment des „wrongful user resulting in the enrichment of the tort feasor." Der Stand der Frage ist also gegenwärtig im angelsächsischen Recht noch nicht einwandfrei geklärt.

Das Reichsgericht hat in RGZ. 97, 310, einen mit Philipps v. Homfray sachlich völlig übereinstimmenden Fall entschieden. Der Beklagte hatte eine dem Kläger gehörige Eisenbahnstrecke auch nach Verbot des Klägers wiederholt benutzt. Der Kläger war in der Benutzung der Strecke nicht behindert worden; Besitzstörung oder -entziehung stand also nicht in Frage. (Insofern unterscheidet sich der Fall von LZ. 1917, 921. Hier hatte der Beklagte einen dem Kläger zustehenden Wohnraum unbefugt benutzt.) Der Kläger verlangte eine Entschädigung für die unentgeltliche Benutzung aus ungerechtfertigter Bereichung. Das RG. gab der Klage statt. Der gegenteilige Standpunkt erscheine von vornherein unbillig, wenn der Kläger nur eine e n t g e l t l i c h e Mehrbenutzung habe gestatten wollen. § 812 BGB. sei gegeben. Bereichert sei der Beklagte auf Kosten des Klägers insofern, als er bei ordnungsmäßigem Vorgehen dem Kläger für die unerlaubte Benutzung eine angemessene Entschädigung hätte zahlen müssen, diese also erspart und damit zugleich dem Kläger entzogen habe. Er könne auch nun nicht einwenden, daß er bei Kenntnis der Sachlage selbst eine Gleisanlage gebaut hätte, sondern müsse sich nunmehr an der von ihm selbst geschaffenen Sachlage festhalten lassen.

Abgesehen von dem mehr beiläufigen Estoppel-Gesichtspunkt geht das RG. davon aus, daß mit der Tatsache der Benutzung auf der einen Seite eine Bereicherung, auf der anderen ein Verlust entstanden sei. Der Bereicherungsanspruch dient nicht nur zur Wiederherstellung des gestörten Gleichgewichts, sondern zur Verschiebung des Übergewichts von der falschen auf die richtige Seite.

---

[1] S. 165.

In dieser dynamischen Auffassung des Bereicherungsanspruchs liegt meines Erachtens das Entscheidende. Mit der Erlangung einer Bereicherung aus Benutzung fremder Substanz entsteht eine Spannung, die zum Ausgleich drängt. Der jetzt vorhandene Vermögenswert ist dem „Sollvermögen“ des anderen entzogen, gleichgültig, ob es in dessen Vermögen ohne das Handeln des Bereicherten entstanden wäre. Dem entspricht auch die Formulierung, die das Reichsgericht neuestens (RGZ. 120, 299) für den Grundgedanken des Bereicherungsanspruchs gegeben hat. Dieser gehe dahin, „Vermögenswerte, die im Laufe wirtschaftlicher Vorgänge“ Personen zugeflossen sind, welchen sie, nach den maßgebenden Wirtschaftsbeziehungen im Verhältnis zu anderen Personen nicht zukommen, denjenigen zuzuführen, denen sie gebühren. Auf einem anderen interessanten Wege versucht neuestens Orth (Die Bereicherung im Patentrecht 1928) zu dem gleichen Ergebnis für das Gebiet der unerlaubten Benutzung fremder Geistesschöpfungen (Urheberrecht, Erfindung, Patent) zu gelangen. Er sieht in jeder, auch der nicht verwirklichten Benutzungsmöglichkeit, eine „Verwertungsmöglichkeit“, die zum „Vermögen“ im Sinne des § 812 BGB. gehöre.

Die Frage, ob aller Wahrscheinlichkeit nach ohne das Verhalten des Beklagten der Kläger den Vermögensvorteil nicht gehabt hätte, darf nicht gestellt werden. Von der Tatsache einer Leistung ausgegangen, für die im allgemeinen ein Entgelt gefordert zu werden pflegt, ist zu prüfen, wem der Vorteil der Benutzung gebührt, dem Kläger der Wert der Benutzung nach objektiven Gesichtspunkten oder dem Beklagten der Vorteil einer unentgeltlichen Benutzung der Sache auf Grund seines eigenmächtigen und unerlaubten Verhaltens. Zu dieser Frage führt neuestens RGZ. 121, 263 aus: „... Der Absatz des abhängigen Buches bedeutet eine Schmälerung des Urheberrechts von Verfasser und Verleger, in deren Befugnisse die unfreie Benutzung eingreift. Inwieweit der Absatz des Beklagten dem Absatz-Ausfall der Klägerin entspricht, braucht hier nicht entschieden zu werden. Es genügt, wenn in irgendwelchem Umfang das eine durch das andere verursacht worden ist. Das BG. hat die Überzeugung erlangt, daß es geschehen ist. Mit dieser Feststellung ist bereits dargetan, daß der Beklagte ohne rechtlichen Grund auf Kosten des Klägers etwas verlangt hat. Ursächlicher Zusammenhang liegt vor.“ Daß die Anerkennung eines Bereicherungsanspruchs in diesen Fällen billig ist, wird fast allgemein anerkannt.[1]

Vom gegenteiligen Standpunkt aus wäre in weitgehendem Umfang die unentgeltliche Benutzung fremder Sachen möglich. Dem entgegen zu wirken, ist der Bereicherungsanspruch berufen. Im übrigen greift bei wissentlich unerlaubter Benutzung fremder Sachen im deutschen Recht auch § 687 Abs. 2 BGB. ein.[2] Dieser trifft jedoch nur einen Teil der hier in Frage stehenden Fälle, selbst wenn man § 687 Abs. 2 entgegen seinem klaren Wortlaut auf grob fahrlässiges Handeln ausdehnen will.[3] Die amerikanische wie die deutsche Rechtsprechung scheint sich, wie die angeführten Beispiele zeigen, neuerdings in der erörterten Richtung einer Erweiterung des Bereicherungsanspruchs zu bewegen.

§ 9.

Das zweite in diesem Zusammenhang zu behandelnde Problem betrifft die Art der Vermögensverschiebung. Diese Frage hat in der kontinentalen Rechtsentwicklung stets eine besonders große Rolle gespielt. Ihre Beantwortung ist wichtig für die Funktion des Bereicherungsanspruchs; hier ist die Grenze zwischen unbestimmten Billigkeitsempfindungen und festen juristischen Tatbeständen zu ziehen. Im einzelnen wird man auch für das angelsächsische Recht in Anlehnung an das deutsche System drei Fragen prüfen müssen:

1. Ist eine Leistung des Klägers an den Beklagten Voraussetzung, oder kann Bereicherung „auf sonstige Weise“ erlangt werden?

2. Welcher Art muß die Leistung sein, kann insbesondere ein tatsächlicher Leistungsvorgang mehrere Rechtswirkungen erzeugen (indirekte Zuwendung[4] bei Beteiligung von mehr als zwei Personen).

3. Muß sich die Vermögensverschiebung unmittelbar zwischen den Parteien vollziehen?

Die Beantwortung dieser Fragen, die zu den Grundproblemen eines jeden Bereicherungssystems gehören, ist für das angel-

---

[1] Vgl. Josef, Arch. ZivPr. 119, S. 412 ff.

[2] Vgl. für das Gebiet des Patentrechts Orth, S. 19.

[3] So für das Gebiet des Patentrechts RGZ. 70, 249; ohne Einschränkung Isay. Pat. G., 4. Aufl., § 35, Anm. 16; gegen letzteren mit Recht Kisch, LZ., 1927, 670; Orth, S. 22/23.

[4] RG RKomm. § 812, Nr. 4.

sächsische Recht deshalb sehr erschwert, weil der oben S. 20 ff. geschilderte Aufbau des angelsächsischen Bereicherungsrechts auf den einzelnen Aktionen eine scharfe systematische Fragestellung unter Zerlegung in die Grundbegriffe verhindert hat.

Inwieweit ein Bereicherungsanspruch an eine Leistung gebunden ist, ist im angelsächsischen Recht bisher ebenso wenig grundsätzlich erörtert worden wie die Möglichkeit eines allgemeinen Bereicherungsanspruchs überhaupt. Nach der bisherigen Praxis scheiden aber die „auf sonstige Weise" erlangten Bereicherungen aus dem System der q. c. aus. Alle Bereicherungen, die durch Handlungen des Beklagten selbst vermittelt werden (Wegnahme, Vermischung, rechtswidrige Verfügung über fremde Sachen), fallen nicht in das System der q. c., sondern in das der constructive trusts (vgl. unten § 19). Die Frage der Bereicherung durch unerlaubte Benutzung fremder Sachen oder Rechte, im deutschen Recht nur möglich auf Grund vorsichtiger Ausweitung des Tatbestandes des § 812 BGB., ist im angelsächsischen Recht nur beim „waiver of tort", also systematisch im Anschluß an das Deliktsrecht, nicht an das Quasikontraktrecht aufgetaucht. Inwieweit ferner nur zwischen Dritten abgeschlossene Geschäfte Bereicherungsansprüche zur Entstehung bringen,[1] dafür lassen sich aus den bisherigen Entscheidungen nur unsichere Anhaltspunkte gewinnen.

Hingegen bahnt sich in einigen neueren Entscheidungen eine Erweiterung des Leistungsbegriffs selbst und damit des Bereicherungsanspruchs an. Diese Entscheidungen betreffen Tatbestände, denen die Beteiligung von drei Personen an den zur Beurteilung stehenden Leistungsvorgängen gemeinsam ist, sei es, daß ein Dritter für Rechnung des Klägers die Leistung vollzieht oder daß die Leistung mit Wirkung für den Beklagten an einem Dritten vollzogen wird. Für alle diese Fälle, die auch im deutschen Recht als „indirekte Zuwendungen"[2] eine Reihe von bereicherungsrechtlichen Problemen aufwerfen, ist ein Umstand kennzeichnend: Der Leistende bezw. der Leistungsempfänger im Rechtssinn deckt sich nicht mit dem, der die Leistung körperlich bewirkt bezw. empfängt.[3] Leistung und Zuwendung[4] fallen auseinander. In der deutschen Lehre ist diese Scheidung

[1] Vgl. Enneccerus, Schuldrecht, § 441, II, 3 c.
[2] RGR. Komm. a. a. O.
[3] Oertmann, Vorbem. vor § 812, Anm. 2 c.
[4] RGR. Komm. § 812, Nr. 4.

mit den sich daraus ergebenden Rechtsfolgen anerkannt. Leistet X für Rechnung des A an B in dem irrigen Glauben, A dazu verpflichtet zu sein (Einlösung eines ungedeckten Schecks durch die Bank[1]), so kann X nur von A kondizieren; denn nur an diesen hat er geleistet.[2] (Anders nur, wenn B durch Vertrag zugunsten eines Dritten gegen X ein Recht auf die Leistung hatte.) Besteht nur die vermeintliche Schuld des A an B nicht, so kann nicht X die von ihm für Rechnung des A an B bewirkte Zuwendung kondizieren, sondern nur A; er hat im Rechtssinn an B geleistet.[3]

Der eine tatsächliche Leistungsvorgang zerfällt rechtlich in die beiden Leistungen aus dem Deckungs- und dem Valuta-Verhältnis. Dieses Ergebnis abstrakten Rechtsdenkens ist dem angelsächsischen Recht zunächst fremd.[4] Umso interessanter sind die Ansätze zu einer Vergeistigung des Bereicherungsrechts, die sich anläßlich der oben erwähnten Tatbestände in folgenden Entscheidungen zeigen: B[5] borgte vom Beklagten gegen eine angeblich von B's Vater auf dessen Grundstück gegebene, tatsächlich von B gefälschte Hypothek 1000 Dollar. Später entlieh B vom Kläger ebenfalls gegen eine gefälschte Hypothek 3000 Dollar, von denen vereinbarungsgemäß der Kläger 1000 auf die Hypothek des Beklagten an diesen zahlte. Kläger und Beklagter waren gutgläubig. Nach Entdeckung der Fälschungen forderte der Kläger vom Beklagten 1000 Dollar zurück. Das Gericht stellte ausdrücklich fest, daß es rechtlich so anzusehen sei, als ob der Kläger an B und B an den Beklagten gezahlt habe. Maßgebend für die Abweisung war aber nicht so sehr die jetzt dem deutschen Juristen naheliegende Folgerung, daß der Beklagte von B nur eine ihm geschuldete Summe erhalten hatte, also nicht grundlos bereichert war, als ein angeblicher Wegfall der Bereicherung wegen Aufgabe der Hypothek in Verfolg der Zahlung. Mit Recht wies der überstimmte Richter auf die völlige Wertlosigkeit dieser gefälschten Hypothek hin, die gar keine Bereicherung darstelle. Keiner der Richter leitete ein Bedenken gegen die Kondiktion aus dem nach Ansicht des Gerichts vorhandenen Durchgang der Leistung durch eine Mittelsperson (B) her. Ähnlich gelagert ist der

---

[1] RG. Seuff Arch. 69, 103.
[2] RGZ. 87, 39; 98, 240 und alle Kommentare zu § 812.
[3] RG. Recht, 1913, 1451.
[4] Vgl. Z. AuslIntP R. 2, 241.
[5] Walker v. Conant (1888), 37 N. W., 292 (Mich.).

Fall Merchants Insur. Co. v. Abbott.[1] Die Klägerin leistete an Abbott die Versicherungssumme, ohne zu wissen, daß er die versicherten Gegenstände in Brand gesteckt hatte. Auf Anweisung des Abbott zahlte die Klägerin den Betrag an den Beklagten, einen Gläubiger des Abbott, dem dieser seinen Anspruch abgetreten hatte. Nach Entdeckung des Betruges, der den Versicherungsanspruch vernichtete, verlangte die Klägerin vom Beklagten die gezahlte Summe zurück. Die Klage wurde abgewiesen. Die Zahlung sei „in legal effect" eine Leistung an Abbott. Es liege genau so, als wenn die Klägerin an Abbott und dieser an den Beklagten gezahlt hätte. Die direkte Zahlung an letzteren könne hieran nichts ändern. Dann aber sei zweifellos eine Rückforderung von dem Beklagten nicht zulässig. Auch habe im Verhältnis zwischen Klägerin und Beklagtem weder Irrtum noch Täuschung geherrscht. Insoweit geht das Urteil also davon aus, daß durch die Zahlung an den Beklagten die Klägerin im Rechtssinne an Abbott geleistet habe. Daneben verwendet das Gericht aber noch einen ganz anderen Gesichtspunkt: Die Beklagten hätten die Leistung entgeltlich „for value" empfangen und seien daher „ex aequo et bono" nicht zur Herausgabe verpflichtet. Diese Begründung setzt voraus, daß der Beklagte, nicht Abbott, auch im Rechtssinne Leistungsempfänger war. Keener und Woodward, die beide die Entscheidung besprechen, stellen jeder nur auf einen dieser beiden Gesichtspunkte ab. Keener[2] hält die Entscheidung für richtig unter dem Gesichtspunkt des holding for value unter Anwendung des Equity-Grundsatzes, daß: „*one who parts with value in good faith for a legal title takes the same free from equities*".[3] Woodward[4] stellt darauf ab, daß hier „*misreliance on right or duty to third person*" gegeben sei, betont also das Auseinanderfallen von Leistung und Verpflichtung. Trotzdem hält er einen Bereicherungsanspruch gegen den Beklagten für gegeben, weil der Irrtum jedenfalls für die Leistung des Klägers an den Beklagten ursächlich gewesen sei, gleichgültig, auf welche Person er sich bezog.[5] Woodward geht also davon aus, daß der Kläger im Rechtssinne an den Beklagten

[1] (1881) 131 Mass. 397.
[2] S. 77.
[3] Vgl. hiezu unten S. 73.
[4] Vgl. i. deutschen Recht Ebbecke Recht 1912, S. 567.
[5] S. 29.

geleistet habe. In Richard v. Thalheimer[1] gründete das Gericht die Klagabweisung bei gleichem Tatbestand ausschließlich darauf, daß das Geld vom Kläger an den Betrüger und von diesem an den Beklagten weitergezahlt worden war, daher gar keine kondizierbare Leistung des Klägers an den Beklagten vorhanden sei. In Grand Lodge v. Towne[2] stellte das Gericht das Billigkeitsproblem in den Mittelpunkt: „*The question is which of two innocent parties shall suffer for the wrong committed by a third person.*" Das Gericht untersuchte dann eingehend die Frage, ob die Leistung „plaintiffs money" war oder eine Leistung des Betrügers an den Beklagten. Es kam zu dem Ergebnis, daß hier deswegen eine Leistung des K l ä g e r s auch im Rechtssinne vorliege, weil die Hypothek gefälscht war und daher die Leistung in Wahrheit nicht der Auslösung der Hypothek des Betrügers diente, sondern nur eine auf dessen falsche Vorspiegelungen hinterbrachte Leistung des Klägers an den Beklagten sei. Daß dem Betrüger gegenüber der Beklagte die Zahlung zur Auslösung der Hypothek habe annehmen wollen, ändere hieran nichts.

In O'Neill v. Mincher[3] weicht der Tatbestand von den vorigen nur insofern ab, als hier der Kläger dem Beklagten unmittelbar einen Scheck aushändigte, den er in Erfüllung einer Darlehensverpflichtung gegenüber dem betrügerischen Dritten ausgestellt hatte. Das Gericht gab hier der Klage statt.

Diese Entscheidungen, die sich auch im Ergebnis teilweise widersprechen, sind bemerkenswert durch die verschiedenen Versuche, die Bereicherungsprobleme bei Beteiligung von mehr als zwei Personen zu lösen. Die kasuistischen und teilweise widerspruchsvollen Begründungen zeigen keinen dogmatisch verwertbaren Weg. Nur die Erkenntnis der d o p e l t e n r e c h t l i c h e n B e d e u t u n g d e r L e i s t u n g d e s K l ä g e r s kann weiterführen. Durch Leistung an den Beklagten erfüllt er einerseits seine Darlehensverpflichtung an den betrügerischen Mittelsmann (Deckungsverhältnis), anderseits dessen Schuld an den Beklagten, der für den Kläger solutionis causa adjectus ist (Valutaverhältnis). Das schon an anderer Stelle betonte Festhalten an der tatsächlichen

[1] (1913) 61 So. 819 (Ala.).
[2] (1917) 161 N. W. 403 (Minn.).
[3] (1926) 19 Queenst. L. R. 250, berichtet in 27 Col. L. R. 471. (1927).

äußeren Seite des Leistungsvorgangs[1] hat diese Erkenntnis bisher verhindert. Ihre Verwertung würde, wie schon oben S. angedeutet, auch andere noch ungeklärte Fragen der Lösung näherbringen. Liegt in der Leistung ein Doppeltes, so muß der Kläger jedenfalls seine an den betrügerischen Dritten erbrachte Leistung zurückfordern können. Diese Leistung besteht aber in der Befreiung von einer Verbindlichkeit,[2] und ihre Kondiktion setzt die bisher nur in beschränktem Rahmen erfolgte Anerkennung dieser Form der Bereicherung voraus. Die Probleme des Bereicherungsbegriffs und des Leistungsbegriffs hängen also unmittelbar miteinander zusammen.[1] Die in der Zahlung zugleich enthaltene Leistung des Dritten an den Beklagten kann ersterer natürlich nicht kondizieren; denn er hat nur seine Schuld erfüllt. Hiermit verschwinden auch die Gesichtspunkte des „holding for value“[3] und des „mistake as to third person“.[4]

Der Gesichtspunkt des „holder for value“, dem besonders Keener[5] und Ames[6] große Bedeutung für das Bereicherungsrecht beimessen, bringt den alten Billigkeitsgrundsatz zum Ausdruck, daß ein bona fide holder for value eines Gegenstandes gegenüber dem Inhaber eines equitable interest den Vorteil des legal title bei gleichen equities hat.[7] Im Quasikontraktrecht soll dieser Grundsatz auf die Fälle Anwendung finden, in denen Kläger und Beklagter beide aus verschiedenen Rechtsgeschäften Geld hingegeben haben, der Beklagte aber den Vorteil hat, den streitigen Gegenstand (meist das Geld) zu besitzen. Wenn Kläger und Beklagter einem Dritten Darlehen gegeben haben und der Beklagte von dem Dritten mit Geld des Klägers befriedigt wird,[8] so hat der Beklagte das vom Kläger als Darlehn gegebene Geld „*for value, in the ordinary course of business and for valuable consideration*“.[9] In Wahrheit bringt der Gesichtspunkt des holding for value, der im Quasikontraktrecht nur bei Beteiligung von mehr als zwei Personen am Leistungsvorgang Anwendung finden kann, lediglich zum Ausdruck, daß der Beklagte gar nicht ungerecht-

---

[1] Vgl. auch Z. Ausl. Int. PR. 2, 241.
[2] Vgl. oben S. 61, RGR. Komm. § 812, Anm. 1.
[3] Keener a. a. O.
[4] Woodward, a. a. O.
[5] S. 77 ff.
[6] 4 Harv. L. R. 297, 299.
[7] Vgl. Eaton, on equity, S. 55.
[8] Vgl. Merch. Insur. Co. v. Abbott.
[9] Keener a. a. O.; Walker v. Conant, 69 Mich. 321.

fertigt bereichert ist. Wiederum bedarf es nur der Zerlegung der Rechtsgeschäfte zwischen den drei Beteiligten in den rechtlichen Doppelvorgang der Leistung des Klägers an den Dritten und des Dritten an den Beklagten, um zu erkennen, daß der Beklagte „holder for value" ist, weil er vom Dritten die ihm geschuldete Leistung empfangen hat, also nicht bereichert ist. Auch irrt der Leistende entgegen der Ansicht von Woodward in diesem Fall über seine Verpflichtung gegenüber derselben Person, an die er seine Schuld erfüllt, nämlich gegenüber dem Dritten. — Diese Lösung ist dem Geist des angelsächsischen Rechts nicht fremd, sie bringt nicht kontinentale Rechtssystematik in einen anders aufgebauten Organismus hinein. Die erwähnten Entscheidungen zeigen schon die Ansätze zu dieser Entwicklung. Sie unterscheiden bereits zwischen Leistung „in legal effect" und der tatsächlichen Hingabe. Nur zerlegen sie den Leistungsvorgang nicht in eine gedankliche Simultanwirkung, sondern in ein zeitliches Nacheinander. „*The case stands just as if the money had been paid by the plaintiffs to Abbott and by A. to the defendants, in which case there is no doubt that, while the plaintiffs could recover, neither A. nor the plaintiffs could recover from the defendants.*"[1] Darum scheinen diese Fälle zugleich das Problem der mittelbaren Vermögensverschiebung zu berühren. In Wahrheit ist der Dritte hier nicht Mittelsmann, sondern einerseits Leistungsempfänger wie der Beklagte, andererseits Leistender wie der Kläger.

§ 10.

Ein eigentliches Problem der mittelbaren Vermögensverschiebung gibt es im angelsächsischen Recht bisher kaum; es entwickelt sich in dem gleichen Maße wie ein allgemeiner Bereicherungsanspruch. Auch die Rechtsgeschichte zeigt, daß ein Kondiktionensystem, das sich auf Leistungen aufbaut, sich auf direkte Vermögensverschiebungen beschränkt, während in den Zeiten einer allgemeinen Bereicherungsklage (preuß. A. L. R. usw.) die Unmittelbarkeit der Vermögensverschiebung keine Rolle spielt.[2] So beschränkt sich auch die condictio indebiti des angelsächsischen Rechts auf unmittelbare Vermögensverschiebungen. Wenn die Leistung rechtlich wie tatsächlich von A an B und

---

[1] Merchants Insur. Co. v. Abbott, 131 Mass. 397.

[2] Dernburg, Pandekten, 8. Aufl., S. 568, Anm. 18. Wellspacher, actio de in rem verso, S. 95 ff.; 98 ff.

von diesem auf Grund eines neuen Rechtsgeschäfts an C erbracht war, so besteht im Verhältnis von A zu C weder Leistung noch Irrtum. So auch die oben S. 71/72 erörterten Entscheidungen Merchants Insurance v. Abbott und Richard v. Thalheimer, die ja davon ausgehen, daß rechtlich zwei aufeinanderfolgende selbständige Leistungen von A an B und von B an C vorliegen.

Das Problem berühren jedoch einige neue amerikanische Entscheidungen, die sich mit Bereicherungsklagen zu beschäftigen hatten, welche nicht auf eine Leistung des Klägers an den Beklagten gestützt waren. Hier standen Dritte zwischen den Parteien. Damit mußten zwei grundlegende Fragen des Bereicherungsrechts berührt werden: die Erweiterung des Bereicherungsanspruchs über die historisch begründete Einschränkung des Bereicherungsrechts auf das unmittelbare Geben und Nehmen zwischen dem Kläger und dem Beklagten hinaus und die dann weiter auftauchende Frage der Unmittelbarkeit der Vermögensverschiebung zwischen Kläger und Beklagtem. — In First Nat. Bank v. Marshall State Bank[1] hatte Kläger eine zweite, Beklagter eine erste Hypothek auf demselben Grundstück. Der gemeinsame Schuldner zahlte einen Teilbetrag auf die Hypothek des Beklagten zurück. Dieser trat trotzdem an einen gutgläubigen Dritten mit der durch sie gesicherten Wertpapierforderung die ganze Hypothek für den vollen Gegenwert ab. Nach der Abtretung bezahlte ihm der Schuldner, der von der Abtretung nichts wußte, den Rest der Hypothek. Der Kläger als Zweithypothekar verlangte nun von dem Beklagten, dem Ersthypothekar, den ihm vom Schuldner gezahlten Betrag. Der gutgläubige Dritte habe vom Beklagten dessen Hypothek wirksam erworben. Durch den Gegenwert sei der Beklagte voll befriedigt. Der diesem vom Hypothekenschuldner in Unkenntnis der Abtretung nochmals gezahlte Betrag der Hypothek gebühre ihm, dem Kläger.

Das Gericht prüfte zunächst die sachenrechtliche Frage, ob der Kläger den Erwerb der Hypothek durch den gutgläubigen Dritten gegen sich gelten lassen müsse. Eine verbreitete Meinung[2] nimmt an, daß die Wirkung des gutgläubigen Erwerbs eines durch Hypothek gesicherten Wertpapiers, nämlich die Befreiung von „all equities existing in favor of the maker“

[1] (1927) 216 N. W. 231 (Minn.).
[2] Vgl. Barbour v. Finke, 201 N. W. 711 (S. D.).

sich auf die sichernde Hypothek erstrecke. Das Gericht schließt sich der entgegengesetzten Meinung an, wonach die Hypothek von den Wirkungen des guten Glaubens unberührt bleibe. Da die Hypothek durch die Zahlung des Eigentümers an den Beklagten erloschen sei, könne der Kläger ihrer Geltendmachung durch den Dritten widersprechen und an diesen geleistete Zahlungen herausverlangen. Trotzdem blieb noch die zweite Frage zu prüfen, ob nicht der Kläger einen gegenwärtigen Bereicherungsanspruch gegen den Beklagten habe. Das Gericht verneint diese Frage.

Die doppelte Zahlung des Hypothekenbetrages an den Beklagten berühre den Kläger nicht. Seine Lage sei in keiner Weise dadurch verändert. Die Wirkung der ersten, dem Beklagten gebührenden Zahlung sei Verminderung der Hypothek gewesen, die nur den Hypothekenschuldner etwas angehe. Aber auch durch die letzte Zahlung sei der Kläger noch nicht geschädigt. Solange aber könne er weder aus der dem Schuldner widerfahrenen Ungerechtigkeit, noch aus der ungerechtfertigten Bereicherung des Beklagten Nutzen ziehen. Bisher sei keine vertragliche oder außervertragliche Verpflichtung verletzt. — Die Entscheidung entspricht dem deutschen Recht und weist eine übermäßige Ausdehnung des Bereicherungsanspruchs zurück. Zwar hätte die zweite Zahlung eher dem Kläger als dem Beklagten gebührt. Aber bisher ist sein Vermögensstand noch gar nicht berührt worden. Der Beklagte ist zwar ungerechtfertigt bereichert, aber nicht auf Kosten des Klägers, sondern eines Dritten. Allerdings betont die Entscheidung immer wieder, daß der Kläger noch keine Einbuße erlitten habe, vorläufig daher nicht klagen könne. Das Gericht läßt es ausdrücklich dahingestellt, ob der Kläger dann geschädigt wäre, wenn er gemäß der vom Gericht abgelehnten Ansicht den Dritten an der Geltendmachung der Hypothek nicht hindern könnte, die dem Kläger vorgehende Hypothek als doppelt vom Schuldner bezahlt würde. In diesem Falle, so scheint es, hätte das Gericht wenigstens einen erkennbaren Klagegrund („fundamental requisite of cause of action") gesehen. Ob dann bereits das Recht des Dritten, vom Schuldner vor dem Kläger Zahlung zu verlangen, als Schädigung anzusehen sein würde oder erst die tatsächlich, etwa im Wege der Zwangsversteigerung, an den Dritten erfolgten Leistungen, soweit die Befriedigung des Klägers darunter leiden würde, läßt das Gericht ebenfalls unerörtert. Das eigentliche Problem setzt gerade erst dann ein, wenn man den Sachverhalt, dem Gedankengang des Gerichts folgend, weiter entwickelt und dabei die vom Gericht abgelehnte, im deutschen Recht durch § 891 ff. BGB. klargestellte Auffassung zugrundelegt, daß der gutgläubige Dritte die Hypothek wirksam erworben hat: Würde der Kläger bei Ausfall seiner Hypothek, die ja erst hinter der vom Dritten erworbenen Hypothek des Beklagten steht, einen Anspruch gegen den Beklagten haben? Die zitierten Ausführungen lassen immerhin erkennen, daß das Gericht eine solche Klage nicht für unschlüssig gehalten hätte. Die Begründung zielt darauf ab, den Anspruch als durch die Entstehung eines Schadens bedingt anzusehen. Hierin liegt eine Loslösung von dem historischen Tatbestand der action of assumpsit. Die Möglichkeit eines Bereicherungsanspruchs, wenn die Bereicherung auf andere Weise als durch Leistung erlangt ist, taucht damit auf.

Weit über die letzte hinaus geht folgende Entscheidung:[1] Eine Eisenbahngesellschaft übergab einen auf den Kläger ausgestellten Scheck ihrem Zahlmeister zur Aushändigung an den Kläger. Auf nicht feststellbare Weise (wahrscheinlich durch Diebstahl) fiel der Scheck unterwegs einem Dritten in die Hände, der das Indossament des Klägers fälschte und den Scheck an den gutgläubigen Beklagten entgeltlich indossierte; Der Beklagte zog den Betrag von dem Bezogenen ein. Das Gericht gab der Klage auf Rückzahlung des Betrages statt. Durch das gefälschte Indossament ging kein Recht auf den Beklagten über (vgl. unten S. 121). Aber die Frage ist, ob der Kläger schon ein „legal right" auf den Scheck oder seinen Erlös hatte, obgleich er den Scheck noch nicht erhalten hatte. Hierzu gibt das Gericht folgende bemerkenswerte Begründung: „Wenn dem Kläger von dem Beklagten die Schecksumme herausgegeben wird, so ist die ganze Angelegenheit erledigt. *(„Puts an end to the matter.")* Der Aussteller wollte den Scheck dem Kläger zukommen lassen, und der Beklagte hat durch sein, wenn auch schuldloses Dazwischentreten, den regulären Verlauf gestört (?)." Eine Besprechung[2] klärt diese Ausführungen. Zwar sei dem Kläger hier noch kein Vermögenswert entzogen und damit streng genommen die Bereicherung nicht „at expense of the plaintiff". Vielmehr scheine der Beklagte eher auf Kosten des Bezogenen bereichert, der das Konto des Ausstellers mit dem ausgezahlten Betrag nicht belasten könne. Aber folge man den formalen Rechtsbeziehungen, so habe der Kläger

---

[1] Allen v. Mendelssohn (1922) 93 So. 416 (Ala.).
[2] 21 Mich. L. R. 819 (1922/23).

einen Anspruch gegen den Aussteller, dieser gegen die Bank und letztere schließlich gegen den Beklagten. „*No rights or principles were sacrified in sustaining this direct action of the plaintiff against the defendant, who, for all practical purposes, was the responsible party ultimately liable.*" Richtig hieran ist nur, daß der Kläger noch vom Aussteller Erfüllung verlangen und die Bank vom Beklagten kondizieren könnte. Der vermittelnde Anspruch vom Aussteller an die Bank besteht nicht, da ja die Bank den Aussteller mit der Zahlung an den Beklagten nicht belasten kann. Aber darauf kommt es nicht an, sondern auf die zweifellos richtige Feststellung, daß im Endergebnis doch der Kläger das Geld erhalten und der Beklagte es verlieren würde. Hier zeigt sich nun in aller Klarheit der Gegensatz einer kasuistischen, zu einer konstruktiv aufgebauten Rechtsordnung. Warum ein vernünftiges Ergebnis zugunsten formaler Voraussetzungen opfern? Gebührt die Leistung doch letzten Endes dem Kläger, so erscheint es am praktischsten, ohne Mittelspersonen den Ausgleich direkt zwischen dem Kläger und dem Beklagten zu vollziehen. In diesem Fall gibt es keine formalen Hindernisse.

Die Entscheidung setzt sich zunächst darüber hinweg, daß auch im amerikanischen Recht grundsätzlich die Bereicherung aus dem Vermögen des Beklagten stammen muß.[1] Dieses Bedenken verschwindet jedoch bei einer kleinen Veränderung des Tatbestandes. Wenn der Scheck schon an den Kläger abgeliefert worden war und erst diesem gestohlen wird, so hat der Aussteller seine Verpflichtung erfüllt und scheidet aus der Reihe aus. Der Scheck wird jetzt aus dem Vermögen des Klägers entwendet. Nun tritt die Kernfrage klar hervor. Zuvor ist eine Besonderheit des angloamerikanischen Wertpapierrechts zu erwähnen: der gutgläubige Erwerber eines Wertpapiers auf Grund gefälschten Indossaments erwirbt das Recht aus dem Wertpapier nicht. Er trägt das Risiko der Fälschung (vgl. unten S. 121). Infolgedessen ist die Rechtslage folgende: Die bezogene Bank hat gegen den gutgläubigen Beklagten eine condictio indebiti. Bereichert ist der Beklagte unmittelbar nur auf Kosten der Bank, die ihrerseits dem Kläger zur Leistung aus dem Werpapier verpflichtet ist. Erstaunlich ist, daß das Gericht bei einem Leistungsvorgang, an dem 5 Personen beteiligt sind, unbedenklich dem Ersten in

---

[1] Keener, S. 163; Woodward, S. 441; Butterworth v. Gould, 41 N. Y. 450.

der Reihe einen Bereicherungsanspruch gegen den Letzten gewährt.

Nach deutschem Recht würde der vorliegende Fall ohnehin anders zu lösen sein wegen der abweichenden Regelung des gutgläubigen Erwerbs gefälschter Wechsel. Sieht man von dieser Abweichung ab, so würde nach dem ursprünglichen Tatbestand die Klage wegen Mangels eines Schadens auf seiten des Klägers, nach dem zuletzt unterstellten Tatbestand wegen mittelbarer Vermögensverschiebung abzuweisen sein. — Die Entscheidung Allen v. Mendelssohn geht in dem Verzicht auf die Voraussetzungen einer Leistung und eines Vermögensschadens auf seiten des Klägers und auf die Unmittelbarkeit der Vermögensverschiebung weiter als irgend eine englische und amerikanische, aber auch als eine deutsche Entscheidung oder Lehrmeinung. Sie erklärt sich aus der Tendenz, alle juristischen Konstruktionen zugunsten eines wirtschaftlich scheinbar gerechtfertigten Ergebnisses außer Acht zu lassen. Bei näherer Prüfung erscheint die Entscheidung auch wirtschaftlich höchst bedenklich durch die völlige Auswechslung von Schuldner und Gläubiger. In dem ersten (vom Gericht entschiedenen) Tatbestand braucht sich der Kläger nicht erst an seinen Schuldner, den Scheckaussteller, zu wenden, sondern erhält ohne jede Schuldübernahme einen neuen Schuldner, der ihm für den geschuldeten Betrag meist sicher ist, da er ihn eben erst erhalten hat. Der Beklagte hat nicht der Bank zu leisten, die aus dem Vorgang völlig ausgeschaltet wird. Letzteres gilt ebenso, wenn der Scheck erst aus dem Vermögen des Schuldners entwendet wurde. — Diese vom angelsächsischen Recht sonst nur zögernd und unter bestimmten Formen zugelassene Art der Auswechslung von Schuldner und Gläubiger, kann auch wirtschaftlich zu großen Unbilligkeiten führen.

Der Entscheidung, wenn auch nicht von anderen Gerichten oder Schriftstellern mißbilligt, steht kein ähnlich weitgehendes Urteil zur Seite. Mit Unrecht weist die Besprechung in 21 Mich. L. R. 819 auf den schon oben S. 77 besprochenen Fall Fed. Sugar Refining Co. v. United States[1] hin. Der Beklagte hatte hier in sittenwidriger Weise durch Betrug den Kläger aus einem gewinnbringenden Vertrage gedrängt und sich selbst an seine Stelle gesetzt. Die Vermögensverschiebung ist auch hier durch das Vermögen eines Dritten, des Vertragsgegners, vermittelt. Aber die unmittelbare Beziehung des Klägers zum Beklagten wird durch

[1] (1920) 268 Fed. 575.

die unerlaubte Handlung des Beklagten hergestellt.[1] Das sittenwidrige Dazwischentreten des Klägers bringt den Beklagten um den Vertragsabschluß und damit um die sichere Gewinnaussicht. Anspruchsgrund ist also die unerlaubte Handlung des Beklagten; nur wird statt des Schadens die Bereicherung verlangt (waiver of tort). Auch im deutschen Recht stellt die unerlaubte Handlung die Unmittelbarkeit der Vermögensverschiebung her.[2] Ein deutsches Gericht hätte aber, zum mindesten nach der neueren Reichsgerichtsrechtsprechung, auch abgesehen von der unerlaubten Handlung, eine mittelbare Vermögensverschiebung hier nicht anzunehmen brauchen. Der Kläger büßte durch das Nichtzustandekommen des Vertrages eine sichere Gewinnaussicht ein. Diese ging unmittelbar auf den Beklagten über. Der Verlust einer solchen Aussicht ist ein Vermögensverlust im Sinne des § 812 BGB.[3] Zwei Schwierigkeiten sind hier überbrückt, die das amerikanische Recht im gleichen Fall an der Gewährung einer Kondiktion vermutlich verhindert hätten. Erstens fehlt es an einer Leistung des Klägers an den Beklagten (vgl. allerdings die Entscheidungen oben S. 75 ff.); zweitens kann der Verlust einer Erwerbsaussicht so wenig „at expense" des Klägers sein wie ihr Erwerb ein „enrichment" des Beklagten.

Beide Fragen hängen unmittelbar miteinander zusammen. Eine Erwerbsaussicht kann nicht Gegenstand unmittelbarer Leistung des Klägers an den Beklagten sein. Er kann sie sich nur durch eigene Handlung oder die eines Dritten auf Kosten des Klägers verschaffen.

Aus den zuletzt erörterten, vereinzelten Entscheidungen dürfen dogmatische Folgerungen nur mit Vorsicht gezogen werden. Im Rahmen des Ganzen scheinen sie jedoch eine gewisse Fortentwicklung anzuzeigen, einmal in der allmählichen Loslösung von dem Erfordernis der körperlich unmittelbaren Leistung des Klägers an den Beklagten, sodann in der Wegräumung der Schwierigkeiten, die bisher einer Ausdehnung des Bereicherungsbegriffs auf abstrakte Vermögenswerte (Gewinnaussichten usw.) entgegenstanden. Positiver ist das Ergebnis im zweiten Punkt noch nicht zu formulieren. Wichtiger sind die methodischen Erkenntnisse: die amerikanischen Gerichte neigen zur Übergehung formaljuristischer Bedenken sowohl dann, wenn der Beklagte

---

[1] RG. DJZ. 1913, S. 530.
[2] RG. in DJZ. 1913, 530.
[3] RGRKomm. § 812, Anm. 2; RGZ. 112, 260 ff.

moralisch verwerflich dem Kläger gegenüber gehandelt hat, es daher angemessener ist, dem Kläger die Leistung zugute kommen zu lassen als dem Beklagten,[1] wie auch dann, wenn durch Gewährung des Anspruchs ein wirtschaftlich vernünftiger Ausgleich vollzogen wird.[2]

Eine Reihe deutscher Entscheidungen bietet interessante Vergleichsmöglichkeiten. Hierbei sind im deutschen Recht folgende, im Tatbestand einander oft sehr ähnliche Fälle zu unterscheiden:

1. bei mittelbarer Vermögensverschiebung spricht oft eine gewisse Billigkeit für den Kläger, der von dem unmittelbaren Empfänger der Leistung (der Mittelsperson) nichts erhalten kann, sei es, daß dieser vermögenslos ist (so der Fall Sächs Rpfl Arch. 1908, 467) oder daß er nur juristisch selbständig, wirtschaftlich aber mit dem späteren Empfänger (dem mittelbar Bereicherten) identisch ist (so der Fall RGZ. 92, 77); jeder rechtlich dazwischentretende Dritte zerstört aber die Möglichkeit eines Ausgleichs. In anderen Fällen spricht ebenfalls eine gewisse Billigkeit für die Gewährung eines Ausgleichsanspruchs. Es fehlt aber nicht am rechtlichen Grunde.

Zu der ersten Gruppe gehören folgende Fälle:

1. RGZ. 66, 80: Die Stadt hatte den bei der Stadtverwaltung angestellten Klägern Krankenversicherungsbeiträge abgezogen und an die beklagte Krankenkasse gezahlt. Die Kläger verlangten von der Krankenkasse Rückzahlung, da sie nicht versicherungspflichtig gewesen seien. Die Bereicherungsklage wurde wegen Mittelbarkeit der Vermögensverschiebung abgewiesen.

2. RGZ. 92, 77 ff: Klägerin hatte Ansprüche gegen eine G. m. b. H., deren einziger Gesellschafter der Beklagte war. Dieser hatte als Liquidator den Erlös an sich als Gesellschafter ausgeschüttet, ohne den Anspruch der Klägerin in der Masse zu berücksichtigen. Auch hier wurde wegen der rechtlichen Verschiedenheit von Gesellschaft und Gesellschafter die Bereicherung als mittelbar angesehen und die Bereicherungsklage abgewiesen. (Auf diesen formalen Gesichtspunkt hätte ein amerikanisches Gericht wohl kaum seine Entscheidung begründet, sondern vermutlich auf die wirtschaftliche Identität.)

3. RGZ. 73, 173 ff.: Der Kläger gab zur Auslösung einer Darlehnshypothek ein Darlehn. Die Hypothek sollte auf den Klä-

---

[1] S. vor allem: Fed. Sugar Refining Co. v. Un. States, 268 Fed. 578.
[2] Allen v. Mendelssohn, 93 So. 416 (Ala.).

ger übergehen. Durch ein Versehen des Notars wurde die Hypothek gelöscht und erst hinter der Hypothek des Beklagten neu eingetragen. Kläger klagt auf Vorrangseinräumung aus § 812 BGB. Auch hier ist nach Ansicht des RG. der Beklagte nicht unmittelbar „auf Kosten" des Klägers bereichert, da durch dessen Leistung nur die Schuld des Eigentümers getilgt und der Vorteil des Beklagten erst durch die daraufhin erfolgte Aufgabe der Hypothek eingetreten ist. Dieser Fall hat mit Nat. Bank v. Marshall State Bank insofern Ähnlichkeit, als dort der eventuelle Vermögensschaden durch die Abtretung der Hypothek seitens des Beklagten an den Dritten an Stelle ihrer Löschung vermittelt wurde.

Das Problem der unmittelbaren Vermögensverschiebung hat jedoch eine neue, praktisch wichtige Beleuchtung durch die neuere Rechtsprechung zu § 812 BGB. erfahren, die durch Verfeinerung der Begriffe der Vermögensmehrung wie der Vermögensminderung den Bereicherungsanspruch ausdehnt.

In RGZ. 112, 260 ff. hatten Kläger und Beklagter untereinander und mit der versteigernden Firma F. vereinbart, jeder eine Reihe von Parzellen des zu versteigernden Grundstücks zu erwerben. Bei der Versteigerung wurden aber einige vereinbarungsgemäß vom Kläger zu ersteigernde und in seinem Gebot mitberücksichtigte Parzellen durch ein Versehen des Notars dem Beklagten zugeschlagen. Aufgelassen waren diese Parzellen von der versteigernden Firma an den Kläger; dieser hatte mangels Eintragung, der Beklagte mangels Auflassung kein Eigentum erworben. Der dingliche Berichtigungsanspruch stand dem Kläger mangels Eigentums nicht zu. Der Bereicherungsanspruch auf Berichtigung (Verschaffung des Bucheigentums) aber wurde ihm deshalb gewährt, weil er infolge der Eintragung des Beklagten eine sichere Anwartschaft auf den Erwerb der Parzellen, die bereits eine vorteilhafte Rechtsstellung darstelle, verloren habe. Diese Entscheidung fügt sich zwar dem Grundsatz der unmittelbaren Vermögensverschiebung ein. Mit der gleichen Begründung hätte das RG. aber in RGZ. 73, 173 (oben S. 81) sagen können, daß zwar durch die L e i s t u n g des Klägers der Beklagte nur mittelbar bereichert sei, daß aber durch die Voreintragung des Beklagten u n m i t t e l b a r die Anwartschaft auf Ersteintragung dem Kläger entzogen sei. Vermögensminderung und Vermögensmehrung brauchen sich ja nicht zu entsprechen.[1] Auch der Verlust einer Rechtsstellung, wie des Rechts, die Eintragung zu betreiben, ist Vermögensminderung, so etwa die auf Grund gültiger Auflassung bei nichtigem Grundgeschäft erlangte Möglichkeit, die Eintragung als Eigentümer zu betreiben.[2]

Das gleiche Problem berührt die Entscheidung RGZ. 69, 246, wenn sie auch nur auf die Abgrenzung von bloßen Billigkeitserwägungen gegenüber dem Fehlen des rechtlichen Grundes abstellt. Der Kläger ließ hier zwei ihm zustehende Hypotheken in eine neue Post in gleichem Range umschreiben. Durch ein Versehen des Grundbuchamts wurde die Post erst nach der Hypothek des Beklagten eingetragen. Bei der Zwangsversteigerung fiel die Hypothek des Klägers aus. Der Beklagte wurde befriedigt. Die Bereicherungsklage gegen ihn wurde abgewiesen. Es sei eine von der Rechtsordnung gewollte Folge, daß die Gläubiger nach der Reihenfolge der Eintragung befriedigt würden. Aus welchem Grunde die Vorhypothek gelöscht worden sei, sei gleichgültig für die obligatorischen Beziehungen der Gläubiger untereinander. Höhere Erwägungen der Gerechtigkeit allein begründeten keinen Anspruch. Hier prüfte das RG. also lediglich die Frage, ob die Vorschriften des Zwangsversteigerungsgesetzes einen genügenden rechtlichen Grund für die Vermögensverschiebung darstellten. Aus welchem Grunde die Vorhypothek gelöscht sei, sei unerheblich. Unerörtert bleibt aber die Frage, ob nicht die versehentliche Handlung des Grundbuchamtes eine unmittelbare grundlose Vermögensverschiebung zwischen den beiden Hypothekaren zur Folge hatte. Der Beklagte erwarb dadurch unmittelbar auf Kosten des Klägers die rechtliche Möglichkeit der Befriedigung an erster Stelle. Diese Möglichkeit kam im vorliegenden Falle dem ganzen Betrag des an den Beklagten gelangten Versteigerungserlöses gleich, der bei ordnungsmäßiger Eintragung auf den Kläger entfallen wäre. Insoweit besteht also eine ungerechtfertigte Bereicherung.

Aus diesen Entscheidungen ergibt sich ein in der Rechtslehre bisher anscheinend nicht hervorgehobener Zusammenhang zwischen der Ausdehnung des Bereicherungsbegriffs, bezw. des Begriffs der Vermögensminderung einerseits und der Unmittelbarkeit der Vermögensverschiebung andererseits. In allen Fällen, wo die Handlung des Bereicherten oder eines Dritten die Bereiche-

[1] RGR. Komm. § 812, 2c.

[2] Planck-Landois, 4. Aufl., § 812, I, 1d.

rung vermittelt, verliert das Erfordernis der unmittelbaren Vermögensverschiebung infolge der Ausweitung der beiden sich gegenüber stehenden Begriffe der Vermögensmehrung und der Vermögensminderung seine Spitze. In den anderen Fällen, so in dem Fall, der nach Enneccerus[1] von der herrschenden Lehre besonders unbillig entschieden wird, daß der Gesellschafter einer OHG. ein ihm gegebenes Darlehen zur Bezahlung von Lohnschulden der beklagten OHG. verwendet, tritt zwischen die Leistung des Klägers und den Empfang des Beklagten eine freie Willensentschließung und ein selbständiges Rechtsgeschäft des Mittelmanns. In diesen Fällen liegt im Verhältnis zwischen Kläger und Beklagtem kein einheitlicher Vorgang der Vermögensverschiebung vor und ist daher kein Anspruch aus ungerechtfertigter Bereicherung gegeben, wenn man nicht das dem BGB. fremde System des ALR. zugrundelegt.

§ 11.

Das deutsche Bereicherungsrecht ist auf dem Begriff der causa aufgebaut. Den einzelnen Arten der Kondiktion (indebiti, causa data causa non secuta, causa finita), ist der Mangel des rechtlichen Grundes, der causa, gemeinsam. In welchen Fällen der Mangel der causa einen Bereicherungsanspruch nicht zur Folge hat, zeigen dann die §§ 813, 814 BGB. für die condictio indebiti, § 815 BGB. für die condictio ob causam datorum. Anders der Aufbau des angelsächsischen Bereicherungsrechts. Daß es dort keinen einheitlichen Begriff für die verschiedenen Bereicherungsarten gibt, folgt aus dem oben erörterten Aufbau der quasi-contracts aus einzelnen Aktionen.

Die Untersuchung kann daher nur von den einzelnen Tatbeständen der condictio aus prüfen, ob es ein gemeinsames, der causa entsprechendes Element der einzelnen Bereicherungsansprüche gibt. — Der Begriff, der im angelsächsischen Recht die der causa entsprechende Funktion hat, ist der der consideration. So findet sich auch in zahlreichen bereicherungsrechtlichen Entscheidungen, scheinbar dem Mangel der causa entsprechend, der Begriff der „failure of consideration". Meist wird der Ausdruck allerdings nur gelegentlich verwendet, sei es enumerativ als Voraussetzung der condictio indebiti neben dem mis-

[1] Schuldrecht, § 441, II, 4.

take,[1] sei es in Fällen eines mistake gleichsam zur Erläuterung,[2] schließlich außerhalb der condictio indebiti als anspruchsbegründende Voraussetzung.[3] Nach Keener[4] ist die failure of consideration eine selbständige, neben dem mistake erforderliche Voraussetzung. An dem Problem der consideration kann daher in diesem Zusammenhang nicht vorbeigegangen werden..

Die Bedeutung der consideration ist hier nicht im ganzen darzustellen. Es mag ein Hinweis auf die klassische Definition[5] genügen: „*A valuable consideration may consist either in some right, interest, profit, or benefit accruing to one party, or some forbearance, detriment, loss, or responsibility given, suffered or undertaken by the other.*"

Die consideration hat sich in der Vertragslehre entwickelt. Sie ist die Erwägungsgrundlage, meist die Gegenleistung, die bei Abschluß eines Vertrages eine Partei zum Versprechen ihrer Leistung bestimmt.[6] Im Gegensatz zur causa, dem aus den Erwägungen der beiden Parteien zusammengeflossenen abstrakten Rechtsbegriff,[7] ist die consideration subjektiviert, auf die Erwägungen der Parteien zurückgeführt, unter Betonung ihres wirtschaftlichen Charakters.[8] An ihr ist festzustellen, welche wirtschaftlich vernünftigen Überlegungen den Versprechenden zu seiner Verpflichtung bestimmt haben. Ob allerdings die consideration wirtschaftlich vollwertig ist, ist unerheblich, wenn sie nur in der Vorstellung der Partei einen wirtschaftlichen Wert darstellte.[9] Fehlt es hieran, so ist das Versprechen ungültig wegen „want of consideration", so z. B. ein Schenkungs- oder abstraktes Schuldversprechen. Diesen Fällen stehen diejenigen gleich, wo zwar in der Vorstellung der Partei eine consideration vorhanden ist, diese aber „invalid", vom Gesetz nicht anerkannt ist.[10]Failure

---

[1] Moses v. Mcferlan (1760) 2 Burr. 1005, 1012; vgl. Neuner, Abstrakte und kausale Übereignung, S. 54.

[2] Lawrence v. Carter 16 Pick. (Mass.) 12, Claflin v. Godfrey 21 Pick. 1, bei Keener, S. 39.

[3] Cantière San Rocco v. Clyde Shipbuild. Co. (1923) S. C. (H. L.) 105 ff.

[4] S. 34 ff., vgl. Elliott, § 254 zu N. 53, ähnlich Williston, §1574 und Daruvala, Doctrine of consideration.

[5] Currie v. Misa (1875) L. R. Exch. 94.

[6] Curti, II, S. 10.

[7] v. Tuhr, III, S. 63 ff.

[8] Vgl. Daruvala, a. a. O., S. 116 ff.; S. 368 ff.

[9] Anson-Corbin, S. 124; Neuner, a. a. O., S. 45.

[10] Vgl. Williston, § 101.

of consideration ist demgegenüber ein technisch unscharfer Begriff. Ist keine wirksame consideration vorhanden, so auch kein wirksamer Vertrag. Eine im Vertrauen auf seine Gültigkeit erbrachte Leistung kann zurückgefordert werden; der „want of consideration" ist hier das objektive Substrat des Irrtums. Ist aber die consideration und damit die Verpflichtung wirksam gewesen, so kann sich „failure of consideration" nur auf etwas ganz anderes beziehen, nämlich das Ausbleiben der Gegenleistung, die die consideration für den Versprechenden bildete. „Failure of consideration" bedeutet hier weiter nichts als die Tatsache der Nichterfüllung in Beziehung auf das damit verbundene Scheitern des Vertragszwecks für die Gegenpartei.[1] Die failure of consideration ist aber nicht nur bei gegenseitigen Verträgen von Bedeutung, sondern bei jeder zweckgebundenen Leistung, wenn dieser Zweck nicht erreicht wird. — Bei den dationes ob causam fallen Verpflichtung und Leistung zeitlich zusammen. Sie sind nach den Grundsätzen der Rechtsgeschäfte zu behandeln.[2] Nach Sir Evans[3] ist das ganze Kapitel der Digesten betreffend condictio causa data causa non secuta ein Anwendungsfall der failure of c. „Failure of consideration" bezeichnet also zunächst allgemein ein Fehlschlagen des Leistungszwecks, auf welchem Grunde dies auch beruhen mag. Es ist zu untersuchen, welche rechtliche Bedeutung diesem Element für die einzelnen Kondiktionsfälle zukommt.

Im angelsächsischen Recht selbst hat sich erst eine neuere Entscheidung des House of Lords mit der Frage der Failure of consideration eingehend beschäftigt. Den nach schottischem Recht zu beurteilenden Fall hatte das House of Lords als dritte Instanz zu entscheiden.[4] — Im Mai 1914 hatte eine schottische Maschinenfabrik mit einer österreichischen Schiffswerft einen Vertrag auf Lieferung von Schiffsmaschinen durch die schottische Fabrik abgeschlossen. Die Käuferin hatte einen Teil des Kaufpreises angezahlt. Der Kriegsausbruch machte die Lieferung unmöglich. Nach Kriegsende verlangte die Klägerin ihre Anzahlung zurück. Den Ausgangspunkt bildeten die schottischen Präjudizien, die ihrerseits auf dem römischen Recht beruhen. Ein

---

[1] Vgl. Williston, § 814, Elliott, § 254.

[2] Neuner, a. a. O., S. 16 ff.

[3] Pothier, Obligations (1860) II, S. 321—24 bei Scott, Cases, S. 11.

[4] Cantière San Rocco v. Clyde Shipb. Co. (1923) A. C. (H. L.) 105 ff.

früheres schottisches Urteil[1] hatte ausgeführt, daß nach einem in allen Rechtsordnungen der Welt anerkannten Prinzip Leistungen, die aus einem gegenseitigen Vertrage in Erwartung einer Gegenleistung erbracht würden, bei Ausfall dieser Gegenleistung zurückgefordert werden könnten. Es führte dieses Prinzip auf die römische condictio causa data etc. zurück. Auch im vorliegenden Fall ging der Richter erster Instanz von diesem Prinzip aus und nahm „total failure of consideration" an, ließ aber ausdrücklich dahingestellt, wie nach englischem Recht zu entscheiden sei. Die zweite Instanz hingegen gelangte auf Grund englischer Entscheidungen zur Abweisung. Die condictio causa data etc. könne nur Anwendung finden, wenn der Vertrag durch das spätere Ereignis (hier durch den Kriegsausbruch) von Anfang an nichtig werde, nicht aber, wenn er, wie hier, bis zum Eintritt dieses Ereignisses in Kraft sei und damit auch für alle bis dahin erbrachten Leistungen der Rechtsgrund bestehen bliebe. — Zum Verständnis dieser Auffassung muß auf die sogenannte Coronation Cases (anläßlich der Krönung Eduards VII.) zurückgegangen werden. In diesen Fällen waren Plätze zur Besichtigung der Krönungsauffahrt gemietet und im voraus bezahlt worden. Die Auffahrt fiel dann infolge Unpäßlichkeit des Königs aus. Die Rückforderungen der Mietpreise wurden durchweg abgelehnt.[2] Zur Begründung wurde das archaische Prinzip des *„leave the loss where it falls"* herangezogen, das dann Anwendung finde, wenn die Erfüllung eines Vertrages ohne Vertragsbruch einer Partei unmöglich werde, die bisherige Gültigkeit des Vertrages aber nicht beeinträchtige. Die Begründung hierfür gibt am klarsten Lord Parmoor in French Marine v. Comp. Napolit.[3] Das Gericht müsse es ablehnen, für die Parteien einen hypothetischen Vertrag zu schließen. Über eine Rückforderung im Falle der Unmöglichkeit sei nichts vereinbart (!). Dieser Satz, der die am Anfang (oben S. 24/25) gekennzeichnete verwirrende Anwendung vertraglicher Auslegungsregeln auf die ex lege entstehenden Bereicherungsansprüche deutlich zum Ausdruck bringt, dessen Gültigkeit für das englische Recht das House of Lords jedoch nicht bestreiten konnte, wurde von einem der Lordrichter als *„rough and ready, but convenient in practice"*, von einem anderen indessen als *„causing a feeling both of uneasiness and of disrelish"*

---

[1] Watson v. Shankland (1871) 10 Macph. 142.

[2] Shandler v. Webster (1904) 1 K. B. 493; Elliott v. Crutchley (1904) 1 K. B. 565, 68.

[3] (1921) 2 A. C. 494.

bezeichnet. Tatsächlich läßt diese Regel den blinden Zufall walten. Hat eine Partei vor Eintritt der Unmöglichkeit die ganze Leistung erbracht, ohne etwas dafür zu erhalten, so bewendet es dabei. Das amerikanische Recht ist auch hierin weiter vorgeschritten.[1] — Das House of Lords, durch englische Präjudizien bei dieser Entscheidung nicht gefesselt, führte entgegen der zweiten Instanz aus, daß es sich um einen typischen Fall der „failure of c." gleich condictio causa data usw. handelte *(„condiction of something handed over for a purpose which has failed)*. In dieser allgemeinen Formulierung liegt das wesentliche. Was hier im Rahmen eines Vertrages gesagt wird, gilt gleichermaßen bei jeder datio ob causam. In der Tat ist ja auch nach deutschem Recht § 323 Abs. 3 nur ein Anwendungsfall einer echten condictio,[2] allerdings der condictio causa finita;[3] der technisch nicht scharfe Begriff der failure of c. umfaßt jedoch beide Arten der Kondiktion. Voraussetzung ist nur, daß die erwartete, den Zweck der Leistung bildende Gegenleistung ausbleibt. Auf den Zeitpunkt der Vereitelung des Zwecks kommt es nicht an. Die Entscheidung des House of Lords gibt also beiden Arten der Kondiktion Raum. Aus diesem Grunde bietet sie einen wichtigen Schlüssel zu der wünschenswerten Verbreiterung des angelsächsischen Bereicherungsrechts. Der Begriff des unjust enrichment steht, wie das House of Lords besonders hervorhebt, im Mittelpunkt.[4] Hier wäre — die zu erwartende Anwendung der Grundgedanken dieser Entscheidung auf das englische Recht vorausgesetzt — vielleicht das einheitliche Prinzip zur Lösung von Fällen gefunden, die nach einem primitiven Rechtssystem heute noch in England, teilweise auch in Amerika entgegen dem Billigkeitsempfinden entschieden werden.

Ähnlich liegt es da, wo einer Leistung nur teilweise kein Gegenwert gegenübersteht (partial failure of c.). Im allgemeinen wird im angelsächsischen wie im deutschen Recht eine Kondiktion des ohne Grund hingegebenen Teils der Leistung gewährt, so bei Überzahlung bestehender Schulden, z. B. wegen Überschätzung der Größe des gekauften Grundstücks[5] oder bei Ausbleiben eines Teils der erwarteten Gegenleistung.[6] Andererseits kann auch der

---

[1] Vgl. Woodward, S. 198 ff.
[2] Gierke, III, S. 997, Anm. 17.
[3] RGRKomm., § 812, Anm. 8.
[4] A. a. O., S. 117.
[5] Murdock v. Gilchrist, 52 N. Y. 242.
[6] Mosser v. Sherry River (1927) 138 Atl. 85 (Pa.).

überschießende Teil nicht kondiziert werden, wenn die Vertragsauslegung die Vereinbarung einer Pauschalsumme, nicht die Zusammenrechnung einer Reihe von Teilpreisen ergibt. So wird häufig eine Farm zwar unter Zugrundelegung einer bestimmten Größe, aber ohne Berechnung des Preises „pro acre" gekauft werden, sodaß eine verhältnismäßig geringfügige Abweichung von der beiderseitigen Schätzung keine teilweise Kondiktion rechtfertigt.[1] — Bei Berücksichtigung all dieser Umstände bleiben aber eine Reihe von Entscheidungen, die sich nur durch eine überalterte Auslegung des Begriffs der „unapportionable consideration" erklären. In Whincup v. Hughes[2] hatte ein Meister für mehrjährige Ausbildung eines Lehrlings eine Summe erhalten. Er starb nach Ablauf eines Teils der Ausbildungszeit. Die Forderung auf Herausgabe des durch Gegenleistungen nicht aufgewogenen Teils des Geldes wurde abgewiesen. „*The general rule of law is that where a contract has been in part performed, no part of the money paid under such contract can be recovered back.*" Es wird dann ausgeführt, daß auf seiten des Beklagten kein Vertragsbruch vorliege und die „consideration unapportionable" sei, da nicht abzuschätzen sei, welchen Wert die bisher erbrachten Dienstleistungen hätten. Ähnlich Ferns v. Carr[3] und McCammon v. Pech, wo die Kläger ihren Anwälten beträchtliche[4] Summen im voraus geleistet hatten und letztere nach kurzer Zeit und Leistung nur eines Teils der vereinbarten Tätigkeit starben. Rückzahlung eines Teilbetrages wurde beide Male abgelehnt. Dagegen konnte in einem umgekehrten Fall[5] der Rechtsnachfolger eines Attorneys, der nach Ausführung einer Teiltätigkeit gestorben war, einen dem Wert seiner Arbeit entsprechenden Betrag fordern. In Bruce v. Indianapolis Gas Co.[6] hatte der Kläger mit der Beklagten einen Vertrag auf Legung einer Anzahl von Gasleitungen und Verbindungen zu den einzelnen Grundstücksteilen des Klägers geschlossen und die ganze Summe im voraus bezahlt. Nach Lieferung eines Teils wurde die weitere Leistung ohne Schuld der Beklagten unmöglich. Das Gericht entschied, daß der Vertrag nichts über die Anrechnung der einzelnen Zahlungen auf die verschiedenen Lieferungen enthalte und lehnte

[1] Band v. Webber, 64 Me. 191.
[2] (1871) L. R. 6 C. P. 78.
[3] (1885) 28 Ch. D. 409.
[4] (1895) 9 Oh. Ct. Ct. 589.
[5] Cou v. Smith, 4 Ind. 79.
[6] (1910) 92 N. E. 189 (Ind.).

die Erstattung des Gegenwerts der nicht ausgeführten Lieferungen ab.

Diesen Entscheidungen liegen zwei Gesichtspunkte zugrunde: einerseits die Abneigung, für die Parteien einen Vertrag zu schließen, weil im Vertrage keine Grundlage des Anspruchs gegeben sei. Es ist aber nach außervertraglichen Normen zu entscheiden. Über die historischen Gründe für diese Auffassung vgl. oben § 1. Daneben beruht diese Auffassung auf der schon bei den Coronation Cases erwähnten Rechtsanschauung, daß der Vertrag in Ermangelung eines Vertragsbruchs bis zum Eintritt der Unmöglichkeit intakt sei und an den bis dahin erbrachten Leistungen, in welchem Verhältnisse sie auch zu denen des Gegners gestanden haben mögen, nicht zu rühren sei.[1]

Indessen dürften diese Auffassungen dem differenzierten Billigkeitsempfinden und der schärferen Analysierung der Rechtsvorgänge, die die neuere Rechtsentwicklung kennzeichnen, nicht mehr entsprechen.

Welche Bedeutung hat aber nun die „failure of consideration" für die condictio indebiti? Zunächst kann hier wiederum die consideration nicht in ihrer Bedeutung für den Vertragsschluß gemeint sein. Bei Leistungen im Glauben an die Gültigkeit unwirksamer Verträge fehlt eine „valid consideration" von Anfang an. „Lack of consideration" ist hier ein Indiz für die Nichtigkeit des Vertrages. Soweit aber ein, wenn auch rechtlich unwirksamer, Vertragstatbestand gar nicht gegeben war, fehlte es auch an einer consideration für eine versprochene Leistung. Denn die Leistung ist gerade im Irrtum über ein nie gegebenes Vertragsversprechen erbracht. Die sogenannte „failure of c." bedeutet wieder nur das objektive Substrat des Irrtums, die Bezeichnung der Tatsache, über die der Leistende irrt, daß nämlich seiner Leistung keine Gegenleistung gegenübersteht. Nur insoweit ist auch Rückforderung der Leistung zulässig, mag der Irrtum auch ursächlich für die Erbringung der ganzen Leistung gewesen sein. So kann eine Bank, die einen zum Teil ungedeckten Scheck ganz honoriert und bei Kenntnis des wahren Sachverhalts nicht etwa den gedeckten Teilbetrag, sondern gar nichts ausgezahlt hätte, vom Empfänger nur die durch das Guthaben des Ausstellers nicht gedeckte Summe zurückfordern Denn nur insoweit ist sie geschädigt. Ohne Schaden besteht aber kein Bereicherungsanspruch. Neben dem Erfordernis des

[1] Siegel v. Eaton (1896) 46 N. E. 449 (Ill.).

Irrtums entfällt also das der failure of consideration; diese ist nur der objektive Reflex der beim Irrtum subjektiv gewendeten Feststellung. — Das deutsche BGB. stellt das Objektive, den Mangel des rechtlichen Grundes in den Mittelpunkt des Bereicherungsanspruchs; es macht den Irrtum nicht zum anspruchsbegründenden Tatbestandsmerkmal, sondern verwendet umgekehrt den Mangel des Irrtums zum Ausschluß des Anspruchs (anders Art. 63 des Schweizer Obligationenrechts: „irrtümliche Leistung einer Nichtschuld").

§ 12.

Die bisher behandelten Punkte zeigen im wesentlichen ähnliche Gedankengänge und Fragestellungen wie das deutsche Recht. Das charakteristische Gepräge erhält das Quasikontraktrecht jedoch vor allem durch die unmittelbare Einwirkung der im Equity-Recht herausgebildeten Billigkeitssätze. Auch heute ist ein Anspruch aus quasi-contract nur dann gegeben, wenn ein equity-Gericht eingegriffen hätte, um eine einmal geschaffene Rechtslage zu ändern. „*The right to recover is governed by principles of equity, although the action is at law.*[1] Dieser Ausgangspunkt ist gerade für das Quasikontraktrecht von größter praktischer Bedeutung. Steht dem Beklagten der legal title zu, so greift equity nur ein, wenn nach Abwägung aller Umstände es unerträglich erscheint, ihm den Rechtstitel zu belassen. Die Billigkeitsgründe müssen so stark sein, daß sie den Vorteil des beatus possidens überwiegen. Ein deutsches Gericht prüft einen Bereicherungsanspruch im wesentlichen wie einen Erfüllungs- oder Schadenersatzanspruch nach dem Gesichtspunkt, ob der Empfänger ein Recht auf die Leistung gehabt hat. Ein englisches oder amerikanisches Gericht muß fragen: ist nach Berücksichtigung a l l e r Umstände (nicht nur des mangelnden Rechts) es unbilliger, dem Beklagten die Leistung zu belassen als sie dem Kläger herauszugeben. Dieser Ausgangspunkt bildet bei allen sonstigen Unklarheiten und Meinungsverschiedenheiten im Recht der q. c. von den ältesten Entscheidungen[2] bis zu den neuesten[3] das Rückgrat des Urteils:

---

[1] National Malleable Castings Co. v. Iroquois S. a. J. Co., 165 N. E. 203 (1929) (Ill.).

[2] Moses v. Macferlan (1760) 2 Burr. 1004.

[3] Z. B. Inhabitants of City of Biddeford v. Benoit (1929) 147 Atl. 151 (Maine).

„The defendant ought to refund only if in equity and good consience he is not permitted to retain.“

Diese Auffassung erinnert an die ursprüngliche, durch das klassische Recht zurückgedrängte Kondiktionshaftung der Römer (ex iniusta causa D XII, 5, 6), jedoch anscheinend ohne bewußte Anlehnung des englischen Rechts. Sie folgt vielmehr organisch aus den Grundgedanken des Billigkeitsrechts.

Was aber ist *„against equity and good conscience“?* Inhaltlich bringt diese Formel nur zum Ausdruck, daß alle objektiven und subjektiven Umstände den Anspruch berühren.

„He who comes for equity must come with clean hands“,[1] und *„equity gives relief only to the vigilant“*.[2] Aus diesen beiden elementaren Grundsätzen des Billigkeitsrechts, die den erzieherischen Charakter des angelsächsischen Rechts plastisch zum Ausdruck bringen, entwickelt sich zunächst das ganze System der Abwägung des beiderseitigen Verschuldens.

Es sind folgende Fälle zu unterscheiden:

I. Der Beklagte ist noch um die Leistung selbst oder ihren Wert bereichert.

a) Der Irrtum war auf beiden Seiten schuldlos.

b) Der Kläger hat sich im Zusammenhang mit der nicht geschuldeten Leistung einer Verfehlung gegen den Beklagten schuldig gemacht (misconduct).

c) Der Beklagte hat arglistig gegen den Kläger gehandelt.

d) Der Irrtum des Klägers beruhte auf Fahrlässigkeit, der des Beklagten nicht.

e) Der Irrtum beider Teile war nicht unverschuldet.

1. Beide waren gleich fahrlässig.
2. Die Fahrlässigkeit des einen war stärker als die des anderen.

f) Der Irrtum war nur auf seiten des Beklagten fahrlässig.

g) Der Irrtum des Klägers war schuldlos, aber er war nachlässig in der Verfolgung seines Rechts.

II. Der Beklagte ist nicht mehr bereichert (change of position). (Hier sind die gleichen Gruppen zu bilden.)

Nicht nur auf den Empfang der Leistung kommt es also an, sondern auf alle Momente, die bis zur Zeit des Urteils das Verhältnis der Parteien in Bezug auf die Leistung beeinflussen können.

---

[1] Pomeroy, §§ 397 ff.

[2] Pomeroy, §§ 418 ff.

a) Eine Verfehlung des Klägers gegenüber dem Beklagten ist nur bei gegenseitigen Schuldbeziehungen denkbar. (Rückforderung von Teilleistungen des Klägers, wenn er weitere Leistung verweigert, sei es infolge eigenen Vertragsbruchs oder — bei unenforceable contracts — unter Berufung auf die Unerzwingbarkeit des Vertrages.) — Diese Fälle gehören im wesentlichen zum Vertragsrecht und werden daher ausgeschieden. Die übrigen Fälle sind innerhalb der condictio indebiti von Bedeutung.

b) In dem gedanklichen Normalfall, daß beide Teile glaubten und glauben durften, die Leistung sei geschuldet, ist auf die objektiven Voraussetzungen zurückzugreifen. Mangels besonderer subjektiver Umstände ist hiernach der Anspruch begründet. Die Tatsache der ungerechtfertigten Bereicherung schafft zunächst einen Billigkeitstitel für den Kläger.

c) Dieser wird noch verstärkt, wenn bei Fortbestehen der Bereicherung der Beklagte entweder arglistig dem Kläger den Mangel des rechtlichen Grundes verschwiegen oder fahrlässig selbst geirrt, bezw. dem Kläger seine Erkenntnis nicht mitgeteilt hat.

Schwierigkeiten entstehen erst, wenn ein Umstand in der Person des Klägers oder des Beklagten dem nach objektiven Gesichtspunkten begründeten Anspruch entgegenwirkt.

d) Der Kläger hat fahrlässig geleistet; die Bereicherung ist noch vorhanden.

Die Fahrlässigkeit des Klägers verschlechtert seine Lage vor dem Forum der Billigkeit. Ob sie genügt, um den an sich begründeten Anspruch zu vernichten, wird in der reichen Kasuistik nicht einheitlich beantwortet. Auf der einen Seite steht der Satz: „*Equity gives relief only to the vigilant.*“ Auf der anderen wirkt gegen den Beklagten der Mangel des Rechts auf die Leistung und die Tatsache, daß eine Herausgabe keinerlei Verlust für ihn, sondern nur eine Wiederherstellung des *status quo ante* zur Folge haben würde. Die Mehrzahl der Entscheidungen hält eine Fahrlässigkeit im Irrtum des Klägers im allgemeinen nicht für ausreichend, um dem Beklagten einen noch vorhandenen ungerechtfertigten Vermögensvorteil zu belassen. Grundlegend ist der englische Fall Kelly v. Solari.[1] Die Klägerin, eine Versicherungsgesellschaft, hatte eine Versicherung ausgezahlt, ohne die ihr früher mitgeteilte Tatsache zu beachten, daß der Anspruch des

[1] (1841) 9 Mees. u. Wels 54, bei Thurston, S. 89.

Versicherten wegen Nichtzahlung einer Prämie erloschen war. Der Rückforderungsklage wurde stattgegeben. Das Gericht war der Ansicht, daß im allgemeinen eine irrtümlich geleistete Zahlung zurückverlangt werden könne, wie sorglos der Kläger auch gewesen sei. Nach Rutherford v. McIvor[1] ist die Möglichkeit, sich Kenntnis von Tatsachen zu verschaffen, der Kenntnis nicht gleichzusetzen. In Russell v. Richard u. Thalheimer[2] hatte ein Schwindler gegen gefälschte Sicherungen von Kläger und Beklagten Darlehen erhalten und einen Teil des klägerischen Darlehens an den Beklagten gegeben. Daß der Kläger den Betrug hätte entdecken können, schloß seinen Anspruch nicht aus. In James River Nat. Bank v. Weber[3] hatte der Kläger an den Beklagten auf dessen falsche Angaben über seine Vermögensverhältnisse hin Schecks ausgezahlt. Der Kondiktion stand nicht entgegen, daß der Kläger durch Einsicht in die Bücher des Beklagten sich über seine Guthaben hätte Klarheit verschaffen können.

Demgegenüber beeinflußt in einer Reihe anderer Entscheidungen die Fahrlässigkeit des Klägers seinen Anspruch unmittelbar. Am strengsten sind einige ältere Urteile. So wurde in West v. Houston[4] die Klage abgewiesen, da: „*the mistake arises from the negligence of the party to examine and take notice of information within his full means of knowledge.*" Ähnlich Norton v. Marden.[5] Bis heute erhalten hat sich diese Auffassung in Massachusetts. In Alton v. First Nat. Bank of Webster[6] war der Kläger im Regreßwege als Indossant eines Papiers in Anspruch genommen worden, das sowohl er wie der Beklagte irrtümlich für ein indossables Papier hielten. Tatsächlich haftete der Kläger nicht. Seine Rückforderungsklage wurde abgewiesen. Das Gericht ließ dahingestellt, ob es sich um einen Rechts- oder Tatirrtum handelte; denn hier sei es beiden Parteien ein Leichtes gewesen, sich über die Lage zu unterrichten. Der Beklagte habe sich auf den Kläger verlassen können. Seine Nachlässigkeit komme daher gegenüber der des Klägers nicht in Betracht. Ähnliche Erwägungen waren in Ash. v. Mc. Lellan[7] maßgebend. Hier hatte der Kläger als Bürge bezahlt, ohne sich nach den Vorgän-

---

[1] (1852) 21 Ala. 750.
[2] 6 Ala. App. 73, 60 So. 411. (1913).
[3] (1910) 124 N. W. 952 (N. D.).
[4] (1844) 4 Harr. (Del.) 170.
[5] (1838) 15 Me. 45, 47.
[6] (1892) 32 N. E. 228 (Mass.).
[7] 62 Atl. 305 (Me.).

gen zu erkundigen, die ihn tatsächlich von seiner Bürgenverpflichtung befreiten. Das Gericht meinte dazu, es sei *„inexcusable, almost culpable negligence“* gewesen, sich nicht vor der Zahlung bei dem Schuldner zu erkundigen. Der Kläger *„intentionally refrained from doing this“*. Das Gericht nimmt offenbar nicht an, daß der Kläger tatsächlich in Kenntnis der Tatumstände geleistet habe, sondern beurteilt seine grobe Nachlässigkeit wie die wissentliche Leistung einer Nichtschuld. Vielleicht zog es auch nur beweisrechtlich aus dem Verhalten des Klägers eine Lebensvermutung für die Freiwilligkeit der Leistung. — Wie sehr die Billigkeitserwägungen des Einzelfalles, nicht starre Normen entscheiden, zeigt folgender Fall:[1] In einem Gaslieferungsvertrage war der Preisberechnung der in einem bestimmten Bezirk übliche Gaspreis zugrunde gelegt worden. Die Klägerin hatte danach einige Jahre lang einen zu hohen Preis bezahlt, weil sie sich nach dem zugrunde gelegten Preis nicht genau erkundigt hatte. Sie erfuhr davon erst später zufällig. Das Gericht wies die Kondiktion zurück, weil die Klägerin ihre „legal duty“, sich nach den üblichen Preisen zu erkundigen, vernachlässigt habe. Eine „legal duty“ im technischen Sinne kam hier nicht in Betracht. In Wahrheit war die Sorglosigkeit der Klägerin so stark, daß es dem erzieherischen Standpunkt eines amerikanischen Gerichts angebracht erschien, sie die Folgen tragen zu lassen.

Diese Beispiele lehren, wie wenig eine starre Formel den geltenden Rechtszustand wiedergeben könnte. Wenn dem Gericht der Irrtum des Klägers völlig unglaubwürdig oder durch verwerfliche Sorglosigkeit verursacht erscheint, so wird keine Formel es hindern, den Rückforderungsanspruch abzuweisen. Die scheinbare Fessel der Präjudizien drückt nicht, da ja die Entscheidungen von Jahrhunderten aus England und 48 amerikanischen Staaten zur Verfügung stehen. Es gibt nur eine Richtlinie der Beurteilung, keinen inhaltlich fest bestimmten Rechtssatz. Diese Richtlinie ist die erzieherische Tendenz des angelsächsischen Rechts. Hieraus ergeben sich etwa folgende Grundsätze:

Im allgemeinen genügt eine Fahrlässigkeit des Klägers bei der Leistung nicht, um einen zu Unrecht erlangten Vorteil des Beklagten zu rechtfertigen. Trotz fortbestehender Bereicherung wird aber auch heute noch ein Anspruch abgewiesen, wenn der Kläger vom Standpunkt einer gesunden Geschäftsgebarung aus

---

[1] Bartlett v. Liberty Glass Co. (1927) 253 Pac. 997. (Oklah.).

unverantwortlich leichtsinnig gehandelt hat. Z. B. wird es dem Kläger nicht schaden, wenn er sich auf die Versicherungen eines Geschäftsfreundes verläßt,[1] mag auch in der Unterlassung der Nachprüfung eine Fahrlässigkeit liegen. Treu und Glauben im Verkehr sind zugrunde zu legen. Wer aber einem ihm als Betrüger oder unzuverlässigen Geschäftsmann bekannten Menschen ohne weiteres traut, wird abgewiesen. In diesem Falle ist es besser, dem Beklagten einen grundlosen Vermögensvorteil zu belassen. Es gibt nur ein Prinzip, das immer neue Abwägen der Billigkeiten.

Derselbe Grundsatz verlangt aber auch die Berücksichtigung des Grades der Fahrlässigkeit auf beiden Seiten. War eine der Parteien nachlässiger als die andere, so verschlechtert dies ihre Lage. Solange allerdings der Beklagte noch bereichert ist, wie bei den bisher erörterten Fragen vorausgesetzt, müßte die Fahrlässigkeit des Klägers gegenüber der des Beklagten so groß sein, daß sie trotz vorhandener Bereicherung nach den oben erwähnten Grundsätzen den Anspruch vernichten würde. Ein solcher Fall ist, soweit ersichtlich, bisher nicht entschieden worden.

Über den Einfluß einer Nachlässigkeit des Klägers in der Verfolgung seines Rechtes (laches) vgl. unten S. 108.

§ 13.

Der Einfluß eines „*irrevocable change of position*" auf den Bereicherungsanspruch ist für die Rechtsvergleichung von besonderem Interesse im Hinblick auf die Regelung des § 818 Abs. 3 BGB. Die Berücksichtigung des Wegfalls der Bereicherung fügt sich ohne weiteres in den Rahmen der Abwägung der beiderseitigen Billigkeiten. „*A court of equity is always reluctant to rescind unless the party can be put back in statu quo. If this can not be done it will give such relief only where the strongest and clearest equity demands it.*"[2]

Schon alte Entscheidungen haben die Frage behandelt und bei Wegfall der Bereicherung den Anspruch ausgeschlossen, so Buller v. Harrison[3] bei der Klage gegen einen Agenten, der das Geld inzwischen abgeliefert hatte, und Brisbane v. Dacres[3] bei einer 6 Jahre nach Leistung erhobenen Klage gegen den Empfänger, der das Geld inzwischen verbraucht hatte. — Die Lösung

[1] James River Nat. Bank v. Weber 124 N. W. 952 (N. D.).

[2] Grymes v. Sanders 93 U. S. 61, 62; Richey v. Clark 40. Pac. 717 (Utah.).

[3] (1777) 1 Cowp. 565 bei Thurston, S. 96.

der Frage ergibt sich mit Hilfe zweier grundlegender Sätze des Billigkeitsrechts:

1. *Where the equities are equal the legal title prevails.*[1]

2. *Where there are equal equities, the first in order of time shall prevail.*[2]

In dem Fall des change of position wird meist so formuliert, daß man die Gerechtigkeit nicht fördere, wenn man den Schaden von einer Schulter auf die andere schiebe.[3] Beide Sätze sind Abwandlungen des gleichen Grundprinzips, daß equity nur eingreift, wenn die Billigkeit dringend eine Änderung der einmal geschaffenen Rechtslage erfordert. Ist dies nicht der Fall, so hat der Beklagte den Vorteil des beatus possidens. Daß die irrtümliche Leistung einer Nichtschuld den legal title an der Leistung, auch an Geld überträgt, ist zweifellos. Soweit die Gerichte hierauf eingehen, erkennen sie den Übergang des legal title an.[1] Zwischen legal und equitable title besteht insoweit ein ähnliches Verhältnis, wie zwischen Vindikations- und Kondiktionsanspruch. (Vgl. über die konstruktive Bedeutung dieser Frage unten S. 137 ff.)

Wann liegt ein „irrevocable change of position" vor? — Eine reiche Fülle von Entscheidungen behandelt diese Frage. In den folgenden typischen Fällen wurde ein den Bereicherungsanspruch vernichtender „change of position" anerkannt: Der Kläger, als Übernehmer aller Aktiven und Passiven eines zahlungsunfähigen Schuldners, hatte dessen Wechselverbindlichkeit an die Beklagte erfüllt. Die Zahlung überstieg, was die Klägerin nicht wußte, erheblich den der Beklagten aus der vorhandenen Vermögensmasse zukommenden Anteil. Als sie den Irrtum erkannte, waren alle Ansprüche der Beklagten gegen die Vorindossatare verjährt.[4] Die Klägerin, eine Eisenbahngesellschaft, hatte der Beklagten, einer Transportgesellschaft, deren Frachtkosten bezahlt, nachdem dieser vom Destinatar mitgeteilt war, daß die der Eisenbahn übergebenen Waren nicht angekommen seien und die Beklagte daher von dem Destinatar keine Zahlung erhalten konnte. Später stellte sich heraus, daß zur Zeit der Zahlung die Waren schon abgeliefert, die Klägerin daher zur Leistung nicht verpflichtet war. Die Beklagte bewies, daß der Destinatar inzwischen verzogen

---

[1] Eaton, S. 46 ff.

[2] Eaton, S. 47

[3] Woodward, S. 39.

[4] German Security Bank v. Columbia etc. (1905) 85 S. W. 761 (Ky.).

und Zahlung von ihm nicht zu erhalten war.[1] Der Kläger, ein bei der beklagten Eisenbahngesellschaft angestellter Bahnhofsmeister, ersetzte der Beklagten einen vermeintlich aus seiner Verwaltungstätigkeit herrührenden Fehlbetrag. Als er entdeckte, daß die Verluste durch Unterschlagungen eines anderen entstanden waren, hatte die Beklagte die Rechte verloren, die sie auf Grund einer Versicherung gegen derartige Fälle zur Zeit der Leistung noch hatte.[2] — Eine Entscheidung beleuchtet die „irrevocability" des „change of position": Kläger hatte an den Beklagten als Testamentsvollstrecker ein Legat ausgezahlt, in Unkenntnis der Tatsache, daß der Legatar vor dem Tode des Erblassers verstorben war, ohne Verwandte zu hinterlassen, der Anspruch daher gemäß den testamentarischen Bestimmungen nicht entstanden war. Der Beklagte machte geltend, daß er das Geld inzwischen an die Erben des Legatars verteilt habe. Er wurde mit diesem Einwand nicht gehört, weil er nicht den geringsten Versuch gemacht hatte, von den Erben des Legatars das Geld zurückzubekommen.[3]

Viel spärlicher sind die Entscheidungen über den Wegfall der Bereicherung, wenn der Beklagte Geld verausgabt hat.[4] Die Lösung dieser Frage steht in dem gleichen Zusammenhang mit dem über die Erscheinungsformen der Bereicherung Gesagten wie die Auslegung des § 818 BGB. mit der des § 812 BGB. Bei der Frage, ob der Beklagte überhaupt eine Bereicherung empfangen hat, ist zu prüfen, ob eine Ersparung von Ausgaben Bereicherung ist. Hier empfängt also der Beklagte kein Geld, sondern braucht nur aus seinem Vermögen kein Geld zu bezahlen. Wie oben dargelegt, ist dieser Punkt im amerikanischen Recht nicht einwandfrei geklärt. Bei der jetzt zu behandelnden Frage war die ursprünglich empfangene Bereicherung konkret, nämlich Geld. Erst mit der Verausgabung des Geldes kann sich diese Bereicherung eventuell in die abstrakte Form der Ersparung von Ausgaben wandeln. — Im amerikanischen Recht (englische Entscheidungen haben sich, soweit ersichtlich, bisher mit der Frage gar nicht beschäftigt) gibt es eine einheitliche Behandlung der Frage beim change of position bisher ebensowenig wie bei der Erörterung des „unjust enrichment" überhaupt. Daß der

---

[1] Atl. Coast Line v. Schirmer (1910) 69 S. E. 439 (S. C.).

[2] Fegan v. Great Northern Railway C. (1899) 81, N. W. 39 (N. D.).

[3] Phetteplace v. Bucklin (1893) 27 Atl. 211 (Rh. I.); vgl. im übrigen Zitate bei Costigan 20. Harv. L. R. 212.

[4] Vgl. Page, § 1562.

Minderjährige verausgabtes Geld nicht zu erstatten braucht,[1] beruht auf ganz anderen Erwägungen, nämlich der Schutzbedürftigkeit des Minderjährigen. Von Entscheidungen berührt allein Brisbane v. Dacres (vgl. oben S. 96) das Problem. Der Anspruch wurde dort aus folgenden Gründen abgewiesen: „*I think it would be most contrary to aequm et bonum if he where obliged to repay it back. If this sum be large it properly alters the habits of his life; he increases his expenses, he has spent it over and over again; perhaps he could not repay it all or not without great distress. Is he, then five years and eleven months after, to be called on to repay it?*" Ähnliche Erwägungen haben bei der Auslegung der §§ 812, 818 BGB. zur Unterscheidung nach der Art der Verwendung des Geldes geführt.[2] Die amerikanische Entscheidung macht diesen Unterschied nicht, sondern arbeitet offenbar mit einer Lebensvermutung dafür, daß im Verlauf von 6 Jahren der Beklagte das Geld zu erhöhtem Aufwand und verbesserter Lebensführung benutzt hat. In Standish v. Ross[3] meinte das Gericht ohne weitere Begründung, es sei keine Verteidigung, daß der Beklagte das Geld zum Ankauf von Gegenständen verwendet habe, die er sonst nicht gekauft hätte. Nicht tiefer geht die Begründung in Union Trust v. Gilpin,[4] die den Einwand der Verausgabung des Geldes als unerheblich ablehnt, weil es dafür weder Gründe noch Präjudizien gebe. Es genüge, daß sicherlich weit mehr Ansprüche abgewiesen worden wären, wenn diese Tatsache von den Gerichten anerkannt worden wäre. In Wahrheit ist die Frage noch nicht allgemein beantwortet worden. Von den Schriftstellern wirft Woodward[5] die Frage des „saving of expenses" an verschiedenen Stellen auf. Aber nur für den Spezialfall der Annahme einer Leistung in dem irrtümlichen Glauben, sie sei geschenkt, unterscheidet er nach der Art des Verbrauchs. „Kann der Beklagte die Leistung nicht mehr „in specie" herausgeben, — und dies ist bei Geldleistungen ohne weiteres anzunehmen, — so wäre die Ablehnung einer Erstattungspflicht eine offenbare Ungerechtigkeit, wenn die Leistung dem Beklagten Ausgaben oder Eingehen von Verbindlichkeiten erspart hat. Andernfalls würde eine Herausgabepflicht nur den Schaden ver-

---

[1] Lake v. Perry 49 So. 573; vgl. oben S. 51, Anm. 2.
[2] RGRKomm. § 812, Anm. 7, mit Zitaten.
[3] (1893) 27. Atl. 211 (Rh. J.)
[4] (1912) 84 Atl. 448 (P. A.).
[5] S. 45 ff.; 93 ff, 442 ff.

schieben."[1] Mit dieser für das deutsche Bereicherungsrecht allgemein geltenden Unterscheidung steht Woodward bisher allein. Auf Präjudizien kann er sich nicht stützen. Er selbst äußert Bedenken gegen die praktische Durchführbarkeit seiner Ansicht.

Diese wenigen Anhaltspunkte scheinen immerhin Hand in Hand mit der an anderen Stellen dargelegten fortschreitenden Verallgemeinerung des Bereicherungsbegriffs auf eine Entwicklung im Sinne des deutschen Rechts hinzudeuten. Daß die Bereicherung auch auf Ersparung von Angaben ausgedehnt wird, wäre aus systematischen, wie aus Billigkeitsgründen zu begrüßen. Das Kriterium der Greifbarkeit des Bereicherungsobjekts ist für das angelsächsische Recht nicht anders als für das deutsche veraltet. (Ob hingegen die Vernichtung des Anspruchs durch Wegfall der Bereicherung überhaupt billig ist, bleibt eine andere Frage; vgl. hierzu unten S. 145 ff.)

Freilich ist der Begriff des Wegfalls der Bereicherung vielfach nicht klar entwickelt und durch andere, rechtlich unscharfe Erwägungen ersetzt. Dies zeigt folgende englische Entscheidung:[2] B. hatte einer Firma gegen Verpfändung von Konnossementen auf Gummilieferungen Geld geliehen. Die betreffenden Lieferungen wurden an K. verkauft, worauf B. diesem die Konnossemente aushändigte, gegen die Vereinbarung, den Kaufpreis in Verrechnung auf das Darlehen an B. zu zahlen. Irrtümlich zahlte K. zuviel. B. erkannte den Irrtum nicht und schrieb den Betrag der Darlehnsnehmerin gut. Die Rückforderungsklage wegen der zuviel gezahlten Beträge wurde abgewiesen. Das Gericht nahm an, daß die Weitergabe irrtümlich empfangener Leistungen an Dritte von der Herausgabepflicht zwar nicht befreie, da dann B. den Vorteil der Zuvielleistung gehabt habe. (Offenbar meint das Gericht damit die Fälle, in denen die Weitergabe der Bereicherung durch den ursprünglichen Empfänger diesen von einer Schuld befreit und ihm somit die Bereicherung erhält, vgl. Moors v. Bird unten S. 101.) Hier aber sei der Beklagte bloße Durchgangsstation (conduit-pipe) gewesen, habe daher keinen Vorteil gehabt. Da B. zweifellos die Zahlungen im eigenen Namen, nicht als Vertreter empfangen hatte, ist die Bezeichnung „conduit-pipe" nur ein volkstümlicher Ausdruck für den durch die Weitergabe, der keine entsprechende Gutschrift gegenüberstand, er-

---

[1] S. 94.

[2] Cont. Caoutchouc v. Kleinwort (1904) 90 L. T. R. 474.

littenen Wegfall der Bereicherung. — Der gleiche Gedankengang tritt klarer in Moors v. Bird[1] hervor. B., eine Bank, empfing Zahlungen, die K. der Firma X für Kredite schuldete. Als sie befriedigt war, überwies sie die weiteren Zahlungen der Firma X, darunter auch die später wegen Irrtums zurückgeforderten Leistungen. Das Gericht gab der Klage statt. Trotz Weiterzahlung an einen Dritten sei B. erstattungspflichtig, wenn die Geschäftsbeziehungen zu dem Dritten ihr das Recht gäben, eingehende Gelder zur Deckung von Forderungen einzubehalten, die sie gegen den Dritten habe. „*In such a case the windfall* (unverhoffter Glücksfall), *which came from receiving the money .... is, in part at least his windfall.*“ Daß B. tatsächlich alles weitergezahlt habe, weil sie im Augenblick gegen den Dritten keine Forderung hatte, sei nicht maßgebend. Auf das Recht, gegebenenfalls die von ihr empfangenen, dem Dritten zustehenden Forderungen mit diesem gegen eigene Forderungen zu verrechnen, komme es an. Auch hier soll also die Bereicherung nicht weggefallen sein. Weil B. unter Umständen sich die ungerechtfertigte Bereicherung hätte erhalten können, nämlich durch Verrechnung mit dem Drittschuldner, soll er so behandelt werden, als hätte er verrechnet, auch wenn er in Ermangelung von Gegenforderungen die ganze Summe dem Dritten weitergezahlt hat. Die ideelle Möglichkeit einer eigenen Bereicherung wird hier der Tatsache gleichgesetzt. Diese Auffassung ist theoretisch nicht haltbar, die einseitige Aufbürdung des Risikos an den Empfänger bedenklich. Die Frage ist, ob B. noch bereichert ist oder ob er durch Rückerstattung einen Verlust erleiden würde. Die Gewißheit, daß er eine weggegebene Geldsumme unter anderen Tatumständen hätte behalten können, ist für B. ein schwacher Trost. — Auch diese Entscheidungen zeigen die Notwendigkeit einer allgemeinen Anerkennung der Ersparung von Ausgaben und Befreiung von Verbindlichkeiten als Formen der Bereicherung. Hat der Beklagte tatsächlich die kondizierten Leistungen zurückbehalten oder aufgerechnet oder damit Schulden bezahlt, so ist er noch bereichert; hat er sie gutgläubig weitergegeben, so ist er es nicht mehr.

In England und einigen amerikanischen Staaten, vor allem New York, haben eine Reihe von Entscheidungen bis in die neueste Zeit den Wegfall der Bereicherung ohne Hinzutreten besonderer Umstände für unerheblich erklärt. Diese Lehre beruht

---

[1] (1906) 77 N. E. 643 (Mass.)

auf einem älteren englischen Urteil, Durrant v. Ecclesiastic. Commrs.[1] Kläger als Pächter eines dem Beklagten gehörigen Landes zahlte versehentlich die Pacht für ein von einem anderen gepachtetes Grundstück mit, im Glauben, sie selbst zu schulden. Als einige Jahre später der Irrtum aufgedeckt wurde, konnte der Beklagte von dem eigentlich Verpflichteten nichts mehr erlangen. Trotzdem wurde der Klage stattgegeben. Das Gericht untersuchte die grundlegenden Billigkeitsprobleme nicht,[2] sondern begnügte sich mit der Feststellung, daß zwar ein change of position vorliege, ein besonderes, den Anspruch vernichtendes Verhalten des Klägers jedoch nicht gegeben sei. Die maßgebende New Yorker Entscheidung ist Kingston Bank v. Eltinge (Tatbestand vgl. oben S. 57). Das Gericht ging davon aus, daß *„the money thus received by the defendant was the plaintiffs money. That it did not belong to the plaintif follows necessarily.“* Diese summarische und ungenaue Wiedergabe der Formel, daß derartige Leistungen *„in equity belong to the plaintiff“*, hat das Gericht zu dem entscheidenden Trugschluß verleitet. Obgleich es erkennt, daß hier nur der eine oder der andere einen Verlust erleiden könnte, folgert es dann aus der an sich richtigen Antwort, daß *„the legal title must prevail“* das bessere Recht des Klägers. Der Fehler liegt aber in der Auffassung, daß hier der legal title beim Kläger sei. Daß nämlich der legal title an Geld auf den Beklagten übergegangen ist, kann, wie Keener, a. a. O. in seiner Kritik dieser Entscheidung überzeugend dargelegt hat, nach angelsächsischem Recht gar nicht zweifelhaft sein (vgl. unten S. 105, 138). Nur der schon in sich unscharfe, aber in der Entscheidung noch unvollständig wiedergegebene Begriff des „belong in equity“ hat diese Verwirrung zur Folge gehabt, die bei der grundlegenden Scheidung des deutschen Rechts zwischen „gebühren“ und „gehören“ unmöglich ist. Houston v. Hughes[3] scheint sich der in Kingston Bank v. Eltinge vertretenen Ansicht anzuschließen. — In New York lassen indessen neuere Entscheidungen eine Abkehr von dieser Richtung erkennen, in Übereinstimmung mit der einmütigen Stellungnahme der Literatur (Keener, Woodward, Costigan), die sich entschieden für den Ausschluß des Anspruchs bei Wegfall der Bereicherung erklärt.[4]

---

[1] (1880) 6 Q. B. D. 234.

[2] Vgl. die Kritik von Keener, S. 66, vgl. auch Costigan, 20 Harv. L. R. 216.

[3] 133 S. W. 731 (Tee.).

[4] Vgl. z. B. Hathaway v. County (1906) 78 N. E. 153 (N. Y.); Ball v. Sheperd (1911) 95 N. E. 719 (N. Y.).

In England ist zwar in einigen neueren Entscheidungen[1] anerkannt, daß ein Wegfall der Bereicherung den Anspruch vernichten würde. Eine neue Entscheidung des House of Lords[2] bekennt sich jedoch zum alten Prinzip. Der Tatbestand dieses Urteils ist ungewöhnlich. B. hatte vom Beklagten Möbel für 5000 sh gekauft und in Besitz genommen. Sein Scheck über 5000 sh. wurde nicht honoriert, worauf die Beklagten die Möbel wieder in Besitz nahmen: B. bezahlte nun auf folgende Weise: er stellte sich den Klägern, einer angesehenen Agenturfirma, als Vertreter einer Autofabrik vor, die „Roma-Wagen" herstelle. Die Firma werde finanziell von dem Beklagten, einem dem Kläger als vertrauenswürdig bekannten Haus, unterstützt. B. zeigte sorgfältig ausgeführte Skizzen und Modellhefte des Roma-Wagens und bot den Klägern die Generalagentur für Süd-Wales und Süd-England an. Die Kläger gingen darauf ein und kauften zunächst 500 Wagen à 5000 sh. mit 10% Anzahlung, d. h. 5000 sh. Anzahlung. Sie händigten diesen Betrag dem B. in Form eines Schecks auf die Beklagten aus. B. sagte nun den Beklagten, daß der Scheck als Restzahlung aus laufenden Verträgen gegeben sei. Die Beklagten schrieben B. den Betrag gut und lieferten ihm die Möbel wieder aus. Zwischen Klägern und Beklagten wurde über B. nicht gesprochen. Später stellte sich heraus, daß es Roma-Wagen nicht gab und B. alle Angaben erfunden hatte. Die Beklagten erhielten ihre Möbel später in stark abgenutztem Zustand wieder. Die Teilzahlung der Kläger wog den Wert der Abnutzung höchstens auf. Nunmehr verlangten die Kläger von den Beklagten die 5000 sh. zurück. — Mit 3 zu 2 Stimmen wurde dem Anspruch stattgegeben. Die 22 Spalten umfassende Entscheidung rollt fast das ganze Recht der condictio indebiti auf.

Lordkanzler Cave hielt den change of p. der Beklagten für beachtlich. Die Kläger hätten durch ihr Verhalten die Beklagten zur Herausgabe der Möbel an B veranlaßt. Ein anderer Richter ging auf die hier vor allem interessierende Billigkeitsfrage ein, warum denn die Beklagten unter dem Irrtum der Kläger leiden sollten. Hätte es sich um Waren gehandelt, so würde niemand bestreiten, daß bei irrtümlicher Lieferung der falsche Empfänger nicht Eigentümer würde. Nur bei Geld denke man allgemein

---

[1] Holt v. Markham (1923) 1 K. B. 514. British American Continental B. v. British B. for Foreign Trade (1925) 134 L. T. R. 472.

[2] Jones v. Waring a. Gillow (1926) A. C. 670, 135 L. T. R. 548.

anders und halte sich nicht für verpflichtet, „*to keep the accounts of an other.*“ Jedenfalls aber müsse man seine eigenen Bücher kennen; die Beklagten hätten sicher gewußt, daß die Kläger nicht ihre Schuldner waren (nämlich aus dem Autokauf). Sie hätten zwar aus B's Scheck auf seine größere Zahlungsfähigkeit geschlossen, aber im Grunde „*they took B's story for what it was worth and cashed the cheque at their own peril*“. Lord Carson schließlich lehnte die Annahme eines Estoppel zu ungunsten der Kläger entschieden ab. Die vom Court of Appeal herangezogene Begründung, daß bei zwei moralisch unschuldigen Parteien abzuwägen sei, welche von beiden nachlässig und sorglos gewesen sei, sei abwegig und fruchtlos.

Die Entscheidung hat zahlreiche Besprechungen in juristischen, vor allem in amerikanischen Zeischriften hervorgerufen. Urteil und Besprechungen zusammen ergeben ein fast vollständiges Bild über den Stand der Lehre in England und den Vereinigten Staaten. Die einzige englische Besprechung[1] begrüßt die Ablehnung der in letzter Zeit in England[2] vorgedrungenen Lehre, daß ein change of p. den Anspruch ausschließe. Von den amerikanischen Besprechungen betont M e z a n s k y[3] nach ausführlicher Entwicklung der ganzen Lehre, daß es in letzter Linie auf das Verhältnis der equities zwischen den Parteien ankomme. Er gelangt zu dem Ergebnis des im House of Lords überstimmten Lordkanzlers C a v e, der nur den Rest der den Beklagten verbleibenden Bereicherung (nach Abzug des Abnutzungswerts der Möbel) zurückgewähren wollte. Ebenso wird auch in zwei anderen Besprechungen[4] auf das Übergewicht des legal title bei gleichen equities abgestellt. — Sämtliche amerikanischen Besprechungen mißbilligen also die Entscheidung. In der Tat zeigt sie deutlich den Mangel einer wissenschaftlichen Durcharbeitung des Quasikontraktrechts in England. Fast jeder der Richter stützte sich auf einen anderen Gesichtspunkt. Ein Richter beachtete die Tatsache des Wegfalls der Bereicherung gar nicht. Seine Annahme, daß Fahrlässigkeit den Anspruch nicht ausschließe, wird gerade problematisch bei Wegfall der Bereicherung. Ein anderer meinte sogar, daß es auf Abwägung des beiderseitigen Verschuldens nicht ankomme, entgegen den Grundsätzen der Lehre. Lord

[1] 43 L. Q. R. 153 (1927).

[2] Kleinwort v. Dunlop 97 L. P. 263; Holt v. Markham (1923) 1 K. B. 514.

[3] Corn. L. Q. R. 12, 399 (1927).

[4] Pennsylv. L. R. 75, 274, 75 (1926, 27); 75 Minn. L. R. 279.

Sumner schließlich faßte zunächst den Tatbestand anders auf, wenn er meinte, daß die Beklagten nicht wirklich geglaubt hätten, eine geschuldete Leistung vom Kläger zu empfangen, sondern auf ihr Risiko den Scheck eingelöst hätten. Handelten die Beklagten wirklich arglistig oder grob fahrlässig, so verwirkten sie damit nach den anerkannten, oben entwickelten Regeln jede equity gegenüber den Klägern. In erster Linie aber stützte Lord S. sich auf Rechtsgründe. Es könne bei Geldleistungen nicht anders liegen wie bei irrtümlicher Ablieferung von Waren. Ist dieser Vergleich zutreffend? Bei der versehentlichen Ablieferung an den falschen Adressaten fehlt es an der „intention", der Einigung über den Eigentumsübergang[1] mit dem falschen Empfänger. Aber im vorliegenden Falle, mag es sich um Geld oder Waren handeln, ist die Einigung über den Eigentumsübergang zweifellos vorhanden. Nur der Grund der Leistung, die Erfüllung einer vermeintlichen Schuld, war von Irrtum beeinflußt. Das aber schafft höchstens einen equitable title, so wie im deutschen Recht keine Vindikation, sondern Kondiktion gegeben wäre. Keener hat dies schon 1893 überzeugend ausgeführt.[2] *(The title to the money must be regarded as vesting in the defendant, just as title to real estate is regarded as vesting in the grantee where the grantor under a mistake as to his obligation to the defendant conveys to him by deed a piece of real estate*". Über Keeners bedeutsame Ausführungen zu dieser Frage, die das Verhältnis von abstraktem und kausalem Eigentumsübergang berühren, vgl. auch unten S. 138. Dann aber mußte weiter nach der Verteilung der equities auf Grund des Satzes, daß bei gleichen equities der legal title vorgeht, gefragt werden. Die Antwort mußte im Sinne der amerikanischen Kritiken ausfallen, nämlich zugunsten des Beklagten. Nimmt man hinzu, daß Lord Carson ausdrücklich die Abwägung des beiderseitigen Verschuldens für unerheblich erklärte, so wird man nicht leugnen können, daß: „*the majority lost sight of equitable principles in permitting a recovery.*"[3] Der Gesichtspunkt des Estoppel, den Lord Cave hervorhob, erscheint zutreffend. Er gibt der Anerkennung des change of p. als den Bereicherungsanspruch vernichtender Tatsache die theoretische Befestigung durch Grundbegriffe des Billigkeitsrechts.

Soll ein Wegfall der Bereicherung den Beklagten befreien, so bedarf es einer weiteren Voraussetzung. Der Wegfall der Be-

---

[1] Curti, I, S. 187.
[2] S. 63 ff.
[3] Mezansky in 12. Corn. L. Q. R. 399.

reicherung muß mit der Art ihrer Erlangung im ursächlichen Zusammenhang stehen. — Verursacht der Irrtum des Leistenden auch einen Irrtum des Beklagten und gibt dieser unter seinem Einfluß die empfangene Leistung weiter, so hat das Verhalten des Klägers mittelbar auch den Wegfall der Bereicherung zur Folge. Der Ausschluß des Bereicherungsanspruchs in diesen Fällen stellt sich als eine Folge des Estoppelprinzips dar.[1] Der Kläger muß die Wirkungen gegen sich gelten lassen, die sein eigenes Verhalten hervorgerufen hat. Andernfalls aber besteht kein Anlaß, ihm eine Folge zuzurechnen, die er nicht verursacht hat. Erzeugt die gleiche Ursache unabhängig voneinander denselben Irrtum beim Kläger und beim Beklagten, so ist der Kausalzusammenhang zwischen der irrtümlichen Leistung und dem Wegfall der Bereicherung unterbrochen. Hier trägt der Beklagte für sein Verhalten die Verantwortung. Folgende Entscheidungen beleuchten diesen Standpunkt: In Nat. Bank of Conn. v. Nat. Bank Assoc.[2] hatte die Beklagte, eine Bank, infolge Verfälschung der Wechselsumme auf dem Papier durch einen Dritten, vom Kläger, der die Fälschung nicht erkannte, zuviel erhalten. Am Tage vor der Zahlung hatte die Beklagte bereits mit ihrem Kunden auf der Grundlage der Fälschung abgerechnet und konnte von diesem nichts mehr zurückerhalten. Hier lehnte das Gericht einen beachtlichen change of position des Beklagten ab, weil der Verlust des Vorteils mit dem I r r t u m des Klägers in keinem Zusammenhang gestanden haben konnte. Der Irrtum des Beklagten war hier der gleiche, wie der des Klägers, aber er war unabhängig von diesem entstanden. — Nach deutschem Recht würde hier schon der Empfang einer Bereicherung abgelehnt werden müssen, da die Gesamtheit des Erlangten und der dafür gegebenen Werte zu berücksichtigen ist. Der Zusammenhang zwischen Bereicherung und Verlust wird dadurch nicht zerstört, daß die Ausgabe zeitlich vorangeht.[3] Vom amerikanischen Standpunkt aus aber ist die Entscheidung folgerichtig.

Die in diesem Zusammenhange interessante Frage, ob ein zufälliger Verlust oder ein Diebstahl des zu Unrecht empfangenen Gegenstandes den Beklagten befreit, ist bisher nur im Schrifttum aufgeworfen worden. C o s t i g a n[4] bejaht sie ohne Begrün-

[1] Vgl. C a s p e r z, On Estoppel, 4. Ed., S. 73, und Lordkanzler C a v e in der oben besprochenen Entscheidung.

[2] 55 N. Y. 212 (1873).

[3] RGRKomm. § 812, Anm. 7, S. 528 u.

[4] A. a. O., S. 212, N. 6.

dung. Woodward[1] verneint sie, weil in diesen Fällen kaum mehr ein Zusammenhang mit dem Irrtum des Klägers festgestellt werden könne. Ein Mißgeschick müsse aber der Beklagte selbst, nicht der Kläger tragen. Dieser Standpunkt erscheint dem Gedankengang des Quasikontraktrechts allein angemessen. Die Ursache des Verlustes liegt in diesen Fällen in einem ganz selbständigen Umstand, der nur auf die Person des Beklagten zurückführt. (Vom Verschulden ist abzusehen; diese Frage kommt hier garnicht zur Hebung.)

Die bisher zitierten Entscheidungen zum Wegfall der Bereicherung gehen alle davon aus, daß die Parteien in subjektiver Hinsicht gleichstehen, d. h. beide schuldlos oder beide gleich schuldhaft gehandelt haben. Überwiegendes Verschulden auf einer der beiden Seiten ist auch hier von Einfluß.[2]

a) Nur der Kläger war fahrlässig. — Es sei daran erinnert, daß nach der überwiegenden Praxis eine Fahrlässigkeit des Klägers im allgemeinen nicht ausreicht, um einen im Vermögen des Beklagten noch vorhandenen ungerechtfertigten Erwerb zu rechtfertigen. Wenn andererseits die Bereicherung nicht mehr vorhanden ist, bedarf es nach der überwiegenden Meinung nicht einmal einer Schuld des Klägers, um den Anspruch auszuschließen. Kommt indessen ein, wenn auch nur leichtes Verschulden des Klägers hinzu, so sinkt die Wagschale wieder zugunsten des Beklagten. Die Zahl der Entscheidungen hierüber ist unendlich. In dem erwähnten Fall Fegan v. Railway Co.[3] hatte der Kläger, ein Bahnmeister der Beklagten, für ein Kassendefizit Ersatz geleistet, weil er sich irrtümlich für dazu verpflichtet hielt. Die Beklagte hatte dadurch ihren Regreßanspruch verloren, konnte also den status quo nicht wiederherstellen. Der Kläger hatte die Bücher und Berichte nicht genügend geprüft, die ihm ohne weiteres eine Aufklärung der wahren Sachlage ermöglicht hätten. Außerdem aber hatte der Kläger durch Nachlässigkeit in der Revision der Kassenbestände und Rechnungslegungen auch nachher versäumt, die Unterschlagungen des anderen zu entdecken; durch diesen Zeitablauf hatte die Beklagte ihren Regreßanspruch verloren. Das Gericht weist den Anspruch des Klägers entschieden zurück. Die Begründung zeigt wieder die ganz verschiedenen Methoden des amerikanischen und des deutschen Rechts. Das Gericht stützt

[1] S. 47.
[2] Vgl. Costigan, 20 Harv. L. R., S. 212 ff.
[3] (1899) 81 N. W. 39 (N. D.).

seine Entscheidung darauf, daß Fahrlässigkeit des Klägers bei change of p. den Anspruch ausschließe, begründet dies jedoch mit zwei verschiedenen Tatsachen, einerseits nämlich mit der Fahrlässigkeit des Klägers, die seinen Irrtum bei der Leistung herbeiführte, andererseits mit seiner Fahrlässigkeit in der Erfüllung seiner Vertragspflichten gegenüber der Beklagten (Kassenrevision). Beide Tatsachen haben verschiedene Bedeutung. Die erste neutralisiert den an sich gegebenen Quasikontraktanspruch des Klägers aus Estoppelgrundsätzen *(equity gives relief only to the vigilant)*. Die zweite begründet einen vertraglichen Schadensersatzanspruch gegen den Kläger wegen fahrlässiger Verletzung seiner Vertragspflichten. Ein deutsches Gericht hätte diese beiden Ansprüche auseinanderhalten und nur den vertraglichen Gegenanspruch des Beklagten gegen den Bereicherungsanspruch des Klägers zur Aufrechnung stellen müssen — abgesehen natürlich von der anderen Beurteilung des konkreten Falles nach deutschem Recht. — Das Ergebnis ist das gleiche; aber auf der einen Seite findet man ein peinliches Auseinanderhalten der verschiedenen Rechtsbeziehungen, auf der anderen ein summarisches Urteil, wenn die Erfordernisse der „natural justice" vorliegen. Die Fahrlässigkeit des Klägers nach der Leistung wird der bei der Leistung obwaltenden hinzuaddiert und somit zu einer „gross negligence".[1] Der Fall Cont. Nat. Bank v. Tradesmen Bank[2] ist wegen der Begründung bemerkenswert. Die Klägerin hatte die Echtheit der ihr zur Einlösung vorgelegten Schecks nicht sorgfältig geprüft und sofort ausgezahlt, obgleich sie Kenntnis davon hatte, daß der echte Scheck bereits eingelöst war. Der Beklagte hatte das Geld an einen Dritten weitergegeben. Die Sorglosigkeit der Klägerin, einer Bank, verstieß hier derart gegen alle Verkehrsgewohnheiten, daß das Gericht geneigt war, einen Irrtum überhaupt zu verneinen. Diese prozessuale Seite ist zu beachten. Ist die Fahrlässigkeit zu groß, um glaubwürdig zu erscheinen, so kommt es nicht zur Abwägung des Verschuldens. Die Kenntnis des Klägers von der Nichtschuld wird fingiert.

Jedes schuldhafte Verhalten des Klägers, das mit seiner Leistung im rechtlichen Zusammenhang steht, nicht nur fahrlässiger Irrtum bei Erbringung der Leistung selbst, schadet ihm. In erster Linie kommt hier das Verhalten des Klägers nach Aufdeckung des Irrtums in Betracht. Verzögert er fahrlässig die Mitteilung

---

[1] A. a. O., S. 44.
[2] 65 N. E. 1108 (N. Y.) 1903.

seines Irrtums an den Beklagten, so fällt ihm „laches" zur Last. Das schuldhafte Zögern muß grundsätzlich ebenso behandelt werden wie Fahrlässigkeit in der Herbeiführung des Irrtums.[1] Auch „laches" schließt den Anspruch im allgemeinen nur dann aus, wenn sie einen Schaden des Beklagten, einen change of position, zur Folge hat. Wenn z. B. der Kläger auf ein gefälschtes Indossament hin zahlt, später durch Vorlegung der echten Unterschrift des angeblichen Indossanten den Irrtum entdeckt, ihn aber dem Beklagten nicht mitteilt, würde der Anspruch nur dann ausgeschlossen sein, wenn die Nachlässigkeit des Klägers in der Verfolgung seines Rechts etwa den Verlust eines Regreßanspruchs des Beklagten zur Folge gehabt hätte.[2]

b) Der Beklagte allein handelt fahrlässig.

Die Fahrlässigkeit des Beklagten wird meist in seinem Irrtum über die Verpflichtung liegen. Sie kann aber auch bei richtiger Erkenntnis der Sachlage auf anderen Umständen beruhen. In Phetteplace v. Bucklin[3] hatte der beklagte Testamentsvollstrecker ein Legat an die Erben des Legatars ausgezahlt, die keinen Anspruch erworben hatten, weil der Erblasser vor dem Tode des Vermächtnisgebers gestorben war. Der Beklagte konnte sich auch deshalb nicht auf den Wegfall der Bereicherung berufen, weil es seine Pflicht gewesen wäre, nach Kenntnis von dem Tode des Erblassers dem Kläger Mitteilung zu machen. Es ist unerheblich, ob er aus den Tatsachen selbst die richtigen Folgerungen gezogen hatte und nur fahrlässig unterließ, diese mitzuteilen, oder ob er selbst nachlässigerweise die Kenntnis der Tatsachen nicht richtig verwertet hatte. Diese Prüfung innerer Willensvorgänge wäre praktisch recht schwierig. Das Gericht führt allgemein aus: „*When a person pays money in ignorance of circumstances with which the receiver is acquainted and which, if disclosed, would have prevented the payment, the parties do not deal in equal terms, and the money is held to be unfairly obtained.*" Ähnlich Metcalf v. Denson.[4]

Aus diesen Entscheidungen ergibt sich, daß jedes mit dem Leistungsempfang im Zusammenhang stehende Verschulden des Beklagten bei Schuldlosigkeit des Klägers den Gleichgewichtszustand aufhebt, den ein Wegfall der Bereicherung gegenüber der irrtümlichen Leistung einer Nichtschuld zunächst herbeiführt.

---

[1] Keener, S. 72.
[2] United States v. Nat. Park Bank of N. Y. 6 Fed. 852 (1881).
[3] (1893) 27. Atl. 211 (Rh. J.)
[4] (1874) 63 Tenn., 565, s. Woodward, S. 39.

Die Lösung dieser Gruppe von Fällen steht im scharfen Gegensatz zu dem Standpunkt des deutschen Rechts. Der Wegfall der Bereicherung vernichtet im deutschen Recht den Herausgabeanspruch, mag der Empfänger fahrlässig gehandelt haben oder nicht. Grundsätzlich kommt es auf das Verhalten des Beklagten nicht an. In den §§ 817, 819 BGB. sind besondere Fälle hervorgehoben (vgl. dazu unten S. 143). Aus § 819, der auf die hier behandelten Tatbestände Anwendung findet, geht klar hervor, daß Kennenmüssen und Zweifel des Beklagten unerheblich sind.[1] Abgesehen von den besonderen Tatbeständen des § 823, Abs. 1 BGB. kennt das deutsche Recht keine Haftung für fahrlässige Vermögensbeschädigungen. Für einen erheblichen Kreis von Fällen wird also im angelsächsischen Recht eine Haftung für fahrlässiges Verhalten ohne vertragliche Verpflichtung begründet.

c) Das Verschulden des einen Teils überwiegt das des anderen Teils.

War das Verschulden des Klägers stärker als das des Beklagten, so liegt es ebenso, als wenn der Kläger allein die Schuld trägt. Entsprechend muß bei größerem Verschulden des Beklagten das Gleiche gelten, wie bei seinem alleinigen Verschulden (vgl. oben S. 109). Die Methode des gegenseitigen Abwägens zeigt sich hier sehr plastisch. Sie gestattet die Berücksichtigung auch der feinsten Billigkeitserwägungen. Zunächst schafft die irrtümliche Leistung des Klägers für diesen ein Recht. Dieses wird ausgeglichen durch den Wegfall der Bereicherung beim Beklagten. Diese Stellung des Beklagten wird aber durch ein Verschulden auf seiner Seite wiederum zerstört. Andererseits ist auch das Verschulden des Klägers zu dessen Ungunsten zu berücksichtigen, und nur das Übergewicht des Verschuldens auf seiten des Beklagten entscheidet schließlich zugunsten des Klägers. — Praktisch sind die Fälle nicht häufig, in denen beide Teile fahrlässig, aber in so verschiedenem Grade gehandelt haben, daß sie nicht als „equally in fault“ angesehen werden können. In Koontz v. Central Bank[2] legte der Beklagte einen Wechsel zur Einlösung vor, der garnicht auf den Namen des Koontz, sondern auf einen anderen, auch nicht verwechslungsfähigen Namen (Simpson) gezogen war. Kläger wie Beklagter übersahen dies; Kläger, im Glauben, dem Aussteller etwas zu schulden, zahlte. Beklagter zahlte an seinen Auftraggeber weiter, der zur Zeit der Klage

[1] Vgl. RGRKomm. 6. Aufl. § 19, Anm. 2; RGZ. 72, 152.
[2] 51 Mo. 275.

zahlungsunfähig war. Die Nachlässigkeit des Beklagten wurde hier noch stärker gewertet als die des Klägers, offenbar, weil er durch Vorlegung des Wechsels erst den Irrtum und die Sorglosigkeit des Klägers hervorgerufen hatte, und der Klage stattgegeben.[1] Ähnlich in Clark v. Echroyd[2]. Indirekt kommt der hier behandelte Grundsatz in zahllosen Entscheidungen zur Anwendung, die ihr Urteil darauf stützen, daß die Parteien „equally at fault" waren. „*When each party is equally inocent ... the mistake is treated as laying no foundation for equitable interference.*"[3]

Alles in allem zeigt sich die große Elastizität, die das System der Abwägung der beiderseitigen Billigkeiten dem Recht der condictio indebiti im angelsächsischen System verleiht. Es ermöglicht das Erfassen jeder Besonderheit eines Tatbestandes, eine große Freiheit in der Gewährung und Versagung von Ansprüchen ohne Widerspruch mit den Präjudizien. Denn der Rechtsgrundsatz selbst, der den Präjudizien zugrunde liegt, ist elastischen Inhalts. — Charakteristisch für die Stellung des angelsächsischen Rechts zu diesen Fragen und für den Kampf der alten equity-Methoden gegen eine in neueren Entscheidungen bisweilen in Erscheinung tretende Erstarrung ist eine Auseinandersetzung Woodwards mit einem neueren englischen Urteil, in dem es sich um die Erheblichkeit des Wegfalls der Bereicherung handelte.[4] Der englische Richter führte hier aus: „*Whatever may have been the case 146 years ego (when Lord Mansfield in Sadler v. Evans*[5] *said: the defense is any equity that will rebut the action) we are not now free in the 20. century to administer that vague jurisprudence which is sometimes attractrively styled: justice as between man and man.*" Dieser fast ironischen Äußerung eines englischen Richters gegenüber meint Woodward,[6] der sie zynisch nennt, daß die amerikanischen Gerichte sich noch frei genug fühlten, „to weigh the equities". — Hier geht es um grundlegende Fragen der angelsächsischen Rechtsentwicklung. Der durch Tatbestände nicht eingeengten freien

---

[1] Vgl. Keeners Kritik, S. 72, der das Verschulden des Klägers für ebenso groß hält.

[2] 12 Ont. App. Rep., s. Woodward, S. 40.

[3] Story Equity jurispr. § 151, vgl. z. B. Devine v. Edwards. (1877) 87 Ill. 177.

[4] Baylis v. Bishop of London (1913) 1 Ch. Div. 127.

[5] 4 Burr. 1984, 1986, zitiert nach 20 Ill. L. R. 89.

[6] (1926) in 20 Ill. L. R. 89.

Betätigung der Gerechtigkeit, der „justice between man and man" tritt die Einschränkung der richterlichen Tätigkeit durch feste gewohnheitsrechtliche, bezw. gesetzliche Tatbestände gegenüber. In Vertauschung der geschichtlichen Rollen erscheint dabei Amerika dem Mutterland gegenüber als Hüterin alter englischer Rechtsgrundsätze.

In der verschiedenen Stellung zu dem Einfluß des Verhaltens der Parteien und damit der subjektiven Umstände auf den Anspruch ist der Gegensatz des deutschen und des angelsächsischen Bereicherungsrechts am bedeutsamsten. Subjektive Umstände berücksichtigt das deutsche Bereicherungsrecht nur in dem enggezogenen Rahmen des sittenwidrigen Verhaltens, das die Rechtsordnung nicht begünstigen kann. Wenn allerdings § 817 BGB. bei sittenwidrigem Empfang des Beklagten die Kondiktion gewährt, so ersetzt insoweit die Sittenwidrigkeit nur den sonst erforderlichen Mangel des rechtlichen Grundes, ebenso wie § 814 BGB. für die Kondiktion den sittlichen Anspruch dem rechtlichen gleichstellt. Dagegen zerstört in § 817, Satz 2 BGB. das sittenwidrige Verhalten des Leistenden den nach objektiven Gesichtspunkten begründeten Rückforderungsanspruch. Das (moralische) Verschulden einer Partei ist also hier ausschlaggebend. Über diese Grenzen hinaus kommt es auf Verschulden nicht an, weder auf seiten des Klägers, noch des Beklagten.

Über § 814 BGB. vgl. unten S. 116, über den Gegensatz der Systeme in subjektiver Hinsicht, vgl. im einzelnen unten S. 143 ff.

§ 14.

Die Formel des *„retain against equity and good conscience"* gewinnt also einen Inhalt zunächst durch die Abwägung des Verhaltens der beiden Parteien. Können noch andere Umstände, die sich aus Inhalt und Zweck des Rechtsgeschäfts ergeben, das Behalten der Leistung als nicht „against equity and good conscience" rechtfertigen?

Eine Anzahl von Entscheidungen gibt über diese Frage Aufschluß. In Farmer v. Arundle[1] hatte der Vorsteher einer Gemeinde, der Klägerin, dem Vorsteher einer anderen Gemeinde den Betrag zurückgezahlt, den dieser zur Unterstützung eines Armen verwendet hatte, im Glauben, daß der Arme ein Angehöriger der klägerischen Gemeinde sei. Tatsächlich war die Beklagte oder eine andere Gemeinde, jedenfalls nicht die Klägerin, zur Unter-

[1] (1772) 2 W. M. B. L. 824 bei Thurston, S. 203.

stützung verpflichtet. Trotzdem wurde die Klage abgewiesen. *„Money due in point of honour and conscience, though a man is not compellable to pay it, yet if paid, shall not be recovered back .... It is an honest debt, and the plaintiff shall not, by this action, which is considered an e q u i t a b l e a c t i o n, recover it back again.“* — Auf den ersten Blick scheint diese Lösung sich nicht von der im deutschen Recht durch § 814 BGB. geforderten (sittliche Pflicht oder auf den Anstand zu nehmende Rücksicht) zu unterscheiden. Tatsächlich liegt ihr ein anderer Gedanke zugrunde. Die Klägerin forderte ja nicht von dem Armen zurück; dieser wurde durch den Ausgang des Prozesses in keiner Weise berührt, da er den Unterhalt von der Beklagten empfangen hatte und eine Rückforderung von ihm nicht in Frage kam. Gegenüber der Beklagten oder der sonst verpflichteten Gemeinde konnte von einer sittlichen Pflicht nicht die Rede sein. Nicht darauf aber kam es dem englischen Richter an: *„It was an honest debt.“* Der Zweck der Leistung, nicht die Person des Empfängers war entscheidend. Die Leistung sollte, wenn auch nur mittelbar, dem Unterhalt eines Armen dienen. Solche Leistungen zurückzufordern ist nicht vornehm; ein equity-Gericht darf sich dazu nicht hergeben. *„He who comes for equity must come with clean hands.“*[1] Auf der anderen Seite spielt auch die Frage mit, ob das Behalten auf seiten des B e k l a g t e n sittenwidrig ist. Wer zum Zweck der Unterstützung eines Armen Geld empfängt, behält es nicht „against conscience“. Wäre im vorliegenden Fall der zweite Betrag ebenfalls dem Armen zugute gekommen, so wäre diese Auffassung berechtigt gewesen. Tatsächlich aber empfing durch die Abweisung der Klage nicht der Arme, sondern die beklagte oder die dritte Gemeinde den Vorteil der Ersparung eigener Ausgaben. Darum ist die Entscheidung bedenklich. Zu einem vom Billigkeitsstandpunkt aus verständlicheren Ergebnis führt das Urteil in Mayor of New York v. Erben.[2] Die Stadt New York kaufte von dem Beklagten, wie von einer Reihe anderer Grundstückseigentümer, ein Grundstück zur Verwendung für städtische Zwecke. Der Wert der Grundstücke wurde durch eine Kommission von Gutachtern festgesetzt. Bei der Abschätzung des Grundstücks des Beklagten setzte die Kommission den Wert offenbar erheblich zu niedrig mit 15.800 Dollar fest. Eine mit der eines Nachbargrundstücks von gleicher Bodenbeschaffenheit übereinstimmende Be-

[1] Vgl. Eaton, S. 61, 62.
[2] (1869) 38 N. Y. 308.

wertung hätte 24.237 Dollar ergeben. Durch ein Versehen eines Beamten wurde der Klägerin, der Stadt New York, ebenso wie der Beklagten als Taxwert die Summe von 24.805 Dollar mitgeteilt und dieser Betrag als der vermeintlich von der Kommission errechnete Preis gezahlt. Nach Entdeckung des Irrtums forderte die Klägerin die Differenz von 9.000 Dollar zurück. Gegen die Stimme des Chief Justice wurde sie abgewiesen, weil das Behalten der Mehrleistung über den Taxwert nicht „against conscience" sei. Vergeblich betonte der überstimmte Richter, daß das Urteil nicht zur Korrektur der Bewertung durch die Kommission führen dürfe, nur weil zufällig sich ein Angestellter des Bureaus der Kommission geirrt habe. Die Bewertung der Kommission sei selbständig durch besonderes Verfahren anfechtbar. Das Gericht dürfe hierüber nicht entscheiden. In der Tat läuft die Entscheidung auf die Korrektur von Vertragsbestimmungen hinaus. Unzweifelhaft hatten beide Parteien die Bewertung durch die Kommission zur Grundlage des Kaufpreises gemacht. Wenn es sich, wie aus dem mitgeteilten Tatbestand nicht ersichtlich, um ein öffentlichrechtliches Zwangsverfahren (Enteignung) handelte, so kam es auf die Einigung nicht einmal an. Ein wesentlicher Irrtum einer der beiden Parteien lag auch nicht vor. Während es sonst ein englisches oder amerikanisches Gericht ablehnt, „*to make a contract for the parties*", wird hier das durch den Zufall herbeigeführte, wenn auch wirtschaftlich vernünftige Ergebnis dem Willen der Parteien substituiert. Wiederum kommt hier das schon an anderer Stelle hervorgehobene Bestreben zum Ausdruck, ein wünschenswertes Ergebnis auf dem Gebiete des Billigkeitsrechts ohne Umwege herbeizuführen, ein Verfahren, das, wie z. B. im vorliegenden Falle durch die Außerachtlassung der Vertragsbestimmungen, gerade vom Billigkeitsstandpunkt aus nicht unbedenklich ist.

Das Behalten der Leistung ist auch dann nicht „against conscience", wenn die zurückgeforderte Leistung zwar geschuldet, aber ihre Erfüllung nicht bezweckt war. So hatte jemand irrtümlich einen für eine andere Person bestimmten Schuldschein über 25 D. erhalten. Als er aus einem anderen Rechtsgrunde gegen den Aussteller des Schuldscheins auf Schadenersatz klagte, rechnete dieser mit seinem Rückforderungsanspruch auf. Der Kläger machte geltend, daß er geglaubt habe, den Schuldschein für eine andere (erwiesene) Forderung von 25 D. zu empfangen. Die Aufrechnung wurde nicht zugelassen. Der Aufrechnungsgegner habe den Schein im guten Glauben empfangen und zur Befriedigung einer anderen Forderung verwendet. Unter diesen Umständen *„the retention of the money did nod involve any smartings of good conscience“*.[1] Ebenso wurde unter anderem in folgenden Fällen entschieden: Irrtümliche Befriedigung eines Gläubigers statt eines anderen.[2] Überzahlung eines aus einem Verpflichtungsschein geschuldeten Betrages bei Einlösung des Scheins, wenn der Mehrbetrag aus anderem Rechtsgrund ebenfalls geschuldet war.[3] Zahlung von 150 D. in dem irrigen Glauben, daß zwei Schecks über je 250 D. nicht eingelöst seien. Tatsächlich war nur ein Scheck nicht eingelöst worden.[4] Doppelte Zahlung von Zinsen, von denen die zweite auf die Kapitalschuld angerechnet wurde.[5] — Bisweilen wird die Formel als Deckmantel unbestimmter, schwer zu begründender Billigkeitsempfindungen verwendet. In Monroe Nat. Bank v. Caplin[6] hatte der Beklagte als Wechselakzeptant an den Kläger als Remittenten einen gefälschten Wechsel eingelöst und nach Aufdeckung der Fälschung den Betrag von diesem zurückgefordert und -erhalten. Der Kläger forderte wieder zurück, da er zur Herausgabe nicht verpflichtet gewesen sei. Das Gericht entschied mit Recht gegen den Kläger, da dieser in Kenntnis der Sachlage und zur Vermeidung von Streitigkeiten, also ohne Irrtum gezahlt habe. Der Richter fügte indessen eine weitere Begründung hinzu. Rechtsirrtum sei zwar an sich dem Tatirrtum gleichzusetzen. Aber nur, wenn Empfang oder Behalten des Geldes „against conscience“ sei, entstehe ein Anspruch. Da es sich hier um eine besonders zweifelhafte Rechtsfrage gehandelt habe, die der Kläger durch seine Leistung in einem Sinne entschieden habe, *„it was fairly got und may be fairly kept“*. Hier wirkt sich das Problem des Rechtsirrtums auf der Seite des Empfängers aus. Je zweifelhafter die Rechtslage, je mehr gerechtfertigt dem Beklagten die Leistung erscheinen konnte, umso weniger soll er sie „against conscience“ behalten. Wenn damit nur erläutert werden soll, zu welchen Unbilligkeiten die Berücksichtigung eines Rechtsirrtums führen kann, sind diese Ausführungen systematisch unbedenklich, nicht aber, wenn sie den Ausschluß eines an sich begründeten An-

[1] Pensacola v. Brexton (1894) 16 So. 317 (Fla.).
[2] Platt v. Bromage (1854) 24. L. I. Exch. 63.
[3] Foster v. Kirby (1862) 31 Mo. 496.
[4] Ashley v. Jennings (1892) 48 Mo. App. 142.
[5] Jackson v. Mc Knight (1879) 17 Hun. (N. Y.) Sup. C. T. 2.
[6] (1909) 73 Atl. 3 (Conn.).

spruchs dartun sollen. Soll die Anerkennung einer Kondiktion noch von der mehr oder minder begründeten Rechtsansicht des Beklagten abhängen, dann gibt es keine sicheren Grundlagen mehr. Da indessen im vorliegenden Falle die Klagabweisung aus anderen Gründen gerechtfertigt war, ist diese Begründung praktisch nicht von großer Bedeutung.

Im deutschen Recht bietet nur § 814 Halbs. 2 BGB. einen Vergleichspunkt. Hier zeigen sich wesentliche Unterschiede zum angelsächsischen Recht. Nur in begrenztem Rahmen schränkt § 814 BGB. die condictio indebiti ein. Die sittliche Pflicht ersetzt, wenn einmal geleistet ist, den rechtlichen Anspruch. Die Leistung von Unterhalt an nicht unterhaltsberechtigte Verwandte z. B. ist nicht kondizierbar. Nicht aber wird gefragt, ob die Leistung als solche einen guten Zweck erfülle. Diese Fragestellung muß dem deutschen Bereicherungsrecht fernliegen, das auf den Mangel des rechtlichen Grundes aufgebaut ist und den Bereicherungsanspruch wie jeden obligatorischen Anspruch behandelt, nicht nach den Regeln eines besonderen Billigkeitsrechts. Die im angelsächsischen Recht ebenfalls unter dem Gesichtspunkt des „against conscience" behandelten Fälle der irrtümlichen Erbringung einer an sich geschuldeten Leistung dürften im deutschen Recht unter der Frage zu behandeln sein, wann Bereicherung vorhanden ist. Ein Gläubiger, der eine Forderung gegen den Leistenden hat, kann nicht rechtlos bereichert werden, wenn der Schuldner diese Forderung irrtümlich befriedigt; denn er erhält nur, was ihm gebührt. Fraglich ist nur, ob man insoweit die Leistungsgeschäfte voneinander gesondert betrachten muß, sodaß die Leistung als Erfüllung einer Nichtschuld erscheint und der Rückforderungsanspruch nur durch Aufrechnung der fälligen Forderung des Beklagten ausgeglichen wird.[1] Danach würde ohne Aufrechnungserklärung der Beklagte seine Forderung noch behalten, auch über sie noch verfügen können. Andererseits würde er das Risiko der Aufrechnungsbeschränkungen (Ungleichartigkeit, Unpfändbarkeit etc.) tragen, während nach anglo-amerikanischem Recht die Tatsache, daß der Beklagte noch etwas von mindestens dem gleichen Wert wie das Erhaltene vom Kläger zu fordern hat, ihm ipso iure das Recht gibt, die Leistung zu behalten; denn er hat sie nicht „against conscience".

[1] So. OLG. Stuttgart, Recht 1913, Nr. 1589, 1914, Nr. 1095.

C. Besondere Fälle.

Zwei Gebiete, die systematisch zum Kondiktionsrecht gehören, bedürfen einer besonderen Behandlung, weil hier Konflikte zwischen den Normen des Quasikontraktrechts und bestimmten Spezialregeln entstehen:

1. Die Kondiktion von Leistungen, die an einen Vertreter erbracht wurden. Hier mischt sich agency-Recht hinein.

2. Die Rückforderung von Leistungen, die im Vertrauen auf die Echtheit eines gefälschten Wertpapieres erbracht wurden. Hier ist Wertpapierrecht zu berücksichtigen.

§ 15.

Auch nach angelsächsischem Recht haftet der offene Stellvertreter nicht für die im Namen der Vertretenen vorgenommenen Geschäfte,[1] während der verdeckte Stellvertreter wahlweise neben den Vertretenen haftet.[2] Trotzdem aber ist jeder „agent" nach allgemeiner Ansicht zur Herausgabe von Leistungen verpflichtet, die er für den „principal" empfangen hat, gleichgültig, ob er nach außen im eigenen oder im fremden Namen gehandelt hat.[3] Wieder ist der tatsächliche, nicht der rechtliche Leistungsempfang maßgebend. Das Gleiche gilt für Leistungen an einen Beamten in seiner Eigenschaft als „servant of the Crown".[4] Unbestritten ist auch, daß ein agent, der nach außen nur als solcher gehandelt hat, nicht mehr für die Bereicherung haftet, wenn er vor Erkenntnis des Irrtums die Leistung dem Vertretenen weitergegeben hat.[5] Nach Kenntnis des Irrtums hingegen, und damit des klägerischen Anspruchs, kann er durch Leistung an den Vertretenen seine eigene Verpflichtung nicht mehr beseitigen. Der Vertreter kann sich auch damit nicht verteidigen, daß der Vertretene jetzt zahlungsunfähig sei, er also von ihm nichts erhalten könne. Nimmt man als gegeben hin, daß ein offener Stellvertreter überhaupt für die an ihn für den principal gezahlten Gelder haftet, so kann seine Verpflichtung trotz Weitergabe der Leistung

---

[1] Bowstead, On agency, S. 388.

[2] Bowstead, S. 306, 388.

[3] Bowstead, S. 422, 425, Anm. s.

[4] Robinson-Morgan, Public Authorities and Legal Liability (1925), S. XXV.

[5] Ellis v. Goulton (1893) 1 Q. B. 350; Martin v. Ellen (1907) 103 S. W. 138 (Mo.).

[6] Vgl. auch Z. Ausl. Int. PR. 2, 241.

an den Vertretenen nur auf einer dem § 819 BGB. entsprechenden Erwägung beruhen. Die Regelung des § 819 ist aber unbedenklich, weil das deutsche Bereicherungsrecht nur den haften läßt, an den rechtlich geleistet ist. Die Unbilligkeit der Haftung für den tatsächlichen Empfang zeigt sich bei Weitergabe des Empfangenen am klarsten. Im angelsächsischen Recht ist ein agent, der nach Empfang der Leistung für seinen principal den Mangel des rechtlichen Grundes erfährt, im Konflikt zwischen seinen Verpflichtungen gegenüber dem Kläger und dem principal. In diesen Fällen sollte die Haftung nur den treffen, den es angeht, den principal, der auch nach außen als Geschäftsherr hervorgetreten ist.[1] Anders liegt es, wo der agent als verdeckter Stellvertreter gehandelt hat. Nach deutschem Recht haftet er hier als Leistungsempfänger; die sogenannte mittelbare Stellvertretung ist keine rechtliche Stellvertretung. Im angelsächsischen Recht hingegen ist auch der mittelbare Vertreter wahrer Stellvertreter. Der Dritte kann sich wahlweise an ihn oder den Vertretenen halten[2] Die einschlägigen geltenden Regeln des Quasikontraktrechts entsprechen diesem Standpunkt aber keineswegs. In einigen Entscheidungen wird der mittelbare Stellvertreter noch schlechter behandelt als jeder andere Leistungsempfänger. Er kann sich nicht einmal auf die Weiterzahlung an den verdeckten Vertretenen (undisclosed principal) als Wegfall der Bereicherung berufen.[3] Für diese sonderbare Regelung hat man verschiedene Begründungen zu geben versucht. Der Beklagte habe stillschweigend garantiert, das Geschäft für eigene Rechnung zu machen.[4] Er sei durch sein Verhalten dem Dritten gegenüber „estopped" sich auf die Weiterzahlung an den Auftraggeber zu berufen.[5] All dies erklärt nicht, warum sich der mittelbare Vertreter nicht zum mindesten, wie jeder andere Leistungsempfänger (im rechtlichen Sinn) auf den Wegfall der Bereicherung soll berufen dürfen, wenn er unter dem Einfluß des Irrtums das zu Unrecht

---

[1] Gegen das geltende Recht, Woodward, S. 43

[2] Bowstead, S. 306 ff.; Müller-Erzbach, Mittelbare Stellvertretung, S. 56 ff.

[3] Holt v. Ross 54 N. Y. 472; Costigan, a. a. O., S. 211. Nicht den gleichen Fall trifft British American Cont. Bank v. British Bank for Foreign Trade. (1926) K. B. 328 Z. Ausl. Int. P. R. 2, 240. Hier war das von dem Beklagten als — anscheinend mittelbaren — Vertreter empfangene Geld zwar von ihm zunächst weitergezahlt, dann aber an ihn zurücküberwiesen worden, die Bereicherung also noch vorhanden.

[4] Costigan, a. a. O.

[5] Costigan, a. a. O.

empfangene Geld weitergezahlt hat. Für den mittelbaren Vertreter ist diese Regelung umso unbilliger, als er sich seinem Auftraggeber gegenüber zur Ablieferung der vermeintlich zurecht empfangenen Leistung für verpflichtet halten muß. — Das Rückforderungsrecht bei Leistungen an den Vertreter ist also noch nicht befriedigend geregelt. Einerseits sollte die fortschreitende Unterscheidung zwischen rechtlichem und tatsächlichem Empfang zu dem grundsätzlichen Ausschluß einer persönlichen Bereicherungshaftung des unmittelbaren Vertreters führen. Damit würde auch der Grundsatz des angelsächsischen agency-Rechts zur Geltung kommen, der sonst die Haftung aus offener Vertretung verneint. Andererseits sollte die Schlechterstellung des mittelbaren Vertreters über die allgemeine Bereicherungshaftung hinaus beseitigt werden. Bei Leistungen an einen Beamten, die der Krone bzw. dem Staat zugute kommen, liegt das Problem auf anderem Gebiet. Hier ist die persönliche Haftung des Beamten und der Ausschluß der Haftung der Krone bzw. des Staates aus der geschichtlich begründeten staatsrechtlichen Stellung der englischen Krone[1] herzuleiten, die im neueren staatsrechtlichen Schrifttum scharf kritisiert wird.[2]

§ 16.

Unter dem Schlagwort: „*misreliance on altered or forged negotiable instruments*“ (Wertpapiere) verbergen sich eine Reihe verschiedener Fälle:

1. Die Unterschrift des Ausstellers ist gefälscht.
2. Ein Indossament ist gefälscht.
3. Die Unterschrift des Bezogenen selbst ist gefälscht.
4. Das Papier ist inhaltlich verfälscht.

Die hier zu behandelnden bereicherungsrechtlichen Fragen setzen dann ein, wenn der Bezogene in Unkenntnis der Fälschung bezahlt, der Remittent im guten Glauben empfangen hat.

Es sei zur Hervorhebung der Probleme zunächst auf die Regelung des deutschen Rechts verwiesen.[3]

Ist die Unterschrift des Ausstellers gefälscht, so trägt im deutschen Recht der Akzeptant die Gefahr. Nach Art. 75 WO. behält bei Fälschung der Unterschrift des Ausstellers das Akzept

---

[1] Hatschek, Engl. Staatsrecht, II, S. 508.

[2] Robinson-Morgan, a. a. O., S. XXV.

[3] Die Darstellung gilt für die im angelsächsischen Recht durch die Akzeptierbarkeit des Schecks nahverwandten Wechsel und Schecks.

die wechselmäßige Wirkung. Daraus folgt, daß die wechselmäßige Verpflichtung des Akzeptanten dem wechselmäßig Berechtigten gegenüber bestehen bleibt. Berechtigt aber sind gemäß Art. 74 WO. alle gutgläubigen Indossatare.[1] Bei Fälschung von Indossamenten ist zunächst der Akzeptant zur Zahlung verpflichtet, sofern der Präsentant gemäß Art. 74 WO. trotz der Fälschung das Recht gutgläubig erworben hat. Im übrigen ist er bei mangelndem Recht des Empfängers im allgemeinen durch Art. 36 WO. geschützt (vgl. für den Scheckbezogenen § 8 Scheckges.). Nach dem Wortlaut des Art. 36 braucht der Akzeptant die Echtheit der Indossamente nicht zu prüfen, trägt also nicht die Gefahr der Zahlung an den Nichtberechtigten. Indessen haben Wissenschaft und Rechtsprechung den Art. 36 parallel dem Art. 74 WO. ausgelegt.[2] Danach darf der Wechselschuldner an den gemäß Art. 74 Nichtberechtigten nur dann leisten, wenn er ihn ohne grobe Fahrlässigkeit für den Berechtigten hält. Andernfalls wird er nicht frei, kann daher von dem unberechtigten Empfänger die Leistung mit der condictio indebiti zurückfordern.[3] — Ist der Inhalt des Wertpapiers (Wechsel oder Scheck verfälscht, so haftet jeder Verpflichtete nach Maßgabe der Gestalt, die die Urkunde zur Zeit der Eingehung seiner Verbindlichkeit hatte, es sei denn, daß die Veränderung (durch Streichung etc.) das Papier ungültig macht oder seine ursprüngliche Gestalt und damit die vor der Fälschung begründete Verbindlichkeit nicht mehr erkennen läßt.[4] In Höhe des Mehrbetrages ist also der Bezogene zur Leistung nicht verpflichtet, auch dem gutgläubigen Nehmer gegenüber nicht.[5] In Ermangelung gesetzlicher Vorschriften müssen hier die allgemeinen Regeln Anwendung finden, wonach der Bezogene kondizieren kann. Ob bei Erfolglosigkeit des Bereicherungsanspruchs der Akzeptant den Mehrbetrag eventuell als Aufwendung gemäß § 670 BGB. von dem Aussteller als Scheckkunden und Auftraggeber verlangen kann,[6] liegt außerhalb der bereicherungsrechtlichen Fragen. — Auch derjenige, der im irrigen Glauben an die Echtheit der eigenen Unterschrift zahlt (der Akzeptant im Glauben an die Echt-

[1] Grünhut, Wechselrecht, I, S. 224.
[2] RGZ. 53, 204; 55, 47; Grünhut II, S. 260.
[3] Grünhut II, S. 258, Anm. 3.
[4] Staub-Stranz, 11. Aufl., Art. 76, Anm. 15; Michaelis, Scheckges., § 23, Anm. 9, 10.
[5] Staub-Stranz, Art. 76, Anm. 17.
[6] Michaelis, a. a. O., Anm. 10.

heit des Akzepts) kann nach deutschem Recht grundsätzlich kondizieren.[1] Nur ist hier besonders häufig zu prüfen, ob nicht ein stillschweigendes Garantieversprechen oder Kollusion vorliegt. Daß der Akzeptant trotz Irrtums seine Leistung dann nicht zurückfordern kann, wenn eine Herausgabe den Empfänger schädigen würde, z. B. wegen Verlust des Regreßanspruchs mangels Protesterhebung,[2] folgt aus dem Wegfall der Bereicherung. Dadurch wird praktisch häufig der an sich gegebene Bereicherungsanspruch entfallen.

Im angelsächsischen Recht sind die Voraussetzungen deshalb ganz andere, weil auch die wertpapierrechtliche Bedeutung der Fälschung größer ist. Die Fälschung kann im englischen und amerikanischen Recht nicht durch gutgläubigen Erwerb geheilt werden. Ein gefälschtes Indossament überträgt nie das Recht,[3] eine wichtige Einschränkung der Rechtsstellung des gutgläubigen Erwerbers.[4] Dasselbe gilt auch von der Fälschung der Unterschrift des Ausstellers.[5] Insoweit, als der Erwerb des Präsentanten auf der Fälschung beruht, ist er unwirksam.[6] Diese Tatsachen geben erst die Grundlage möglicher Bereicherungsansprüche. Nur der Mangel des rechtlichen Grundes löst die condictio indebiti aus. Das erklärt, warum für den Hauptteil der hier in Frage stehenden Fälle das deutsche Bereicherungsrecht nicht zum Vergleich herangezogen werden kann. Die wenigen angeführten Möglichkeiten eines Bereicherungsanspruchs im deutschen Recht sind praktisch nicht von großer Bedeutung.

Weder der englische Bills of Exchange Act (vgl. § 59) noch das amerikanische Uniform Negotiable Instruments Law (vgl. § 23), das mit Ausnahme von zwei Staaten in den Vereinigten Staaten gilt, geben eine ausdrückliche Regelung des Kondiktionsrechts des Akzeptanten. Die offiziöse Ausgabe des Negotiable Instruments Law zitiert zu § 23 (effect of forged signature) folgende Sätze als geltendes Recht:

1. Von einem unentgeltlichen Erwerber kann der Bezogene

---

[1] Grünhut, II, S. 262.
[2] Grünhut, II, S. 263.
[3] Uniform Laws Annot., § 23, S. 98; Bills of Exchange Act, § 24, Abs. 1; Chalmers, Bills of exchange, S. 84; Meyer, Weltwechselrecht, I, S. 60.
[4] Meyer, I, S. 607.
[5] Unif. L. A., § 23, S. 98; Public Bank v. Knox, 160 N. W. 667 (Minn.) (1915).
[6] Vgl. Chalmers, S. 242.

eine im Glauben an die Echtheit geleistete Zahlung zurückfordern.

2. Bei Irrtum über die Echtheit des eigenen Akzepts kann der Leistende nicht zurückfordern.

3. Bei Irrtum über die Echtheit des Indossaments, durch das sich der Beklagte legitimiert, kann der Bezogene seine Leistung zurückfordern.

4. Bei Irrtum über die Echtheit des Inhalts des Wertpapiers kann der Bezogene zurückfordern, soweit er auf Grund der Fälschung geleistet hat.

5. Bei Irrtum über die Echtheit der Unterschrift des Ausstellers kann der Akzeptant vom Zahlungsempfänger nicht zurückfordern.

Die genannten Sätze sind als wichtige Normen des Verkehrsrechts seit Jahrhunderten in der Rechtsprechung entwickelt und zu immer festerer Anerkennung gelangt. Im Wesentlichen ist nur die Frage des Irrtums über die Echtheit der Ausstellerunterschrift im Anschluß an Lord Mansfields Entscheidung in Price v. Neal[1] Gegenstand heftiger Meinungsverschiedenheiten gewesen. Auch heute noch wird die herrschende Lehre von manchen Entscheidungen bekämpft.[2] Eine für das amerikanische Recht ungewöhnlich große Anzahl von Theorien gewährt einen Einblick in den Konflikt zwischen den Billigkeitsnormen des Quasikontraktrechts und den auf Verkehrssicherheit abzielenden Erfordernissen des Handelsverkehrs.

Die Verkehrssicherheit überwiegt in der fast ausnahmslos[3] anerkannten Regel, daß der Bezogene seine Leistung nicht unter Berufung auf die Fälschung seiner Unterschrift zurückfordern darf.[4] Nach allgemeinem Quasikontraktrecht würde der Mangel der wechselmäßigen Verpflichtung den Rückforderungsanspruch auslösen und Fahrlässigkeit des Klägers allein nur in Ausnahmefällen zur Versagung des Anspruchs führen. Der Wertpapierverkehr stellt strengere Anforderungen. Mag im Einzelfall eine Rückerstattung billig erscheinen, gegenüber dem Erfordernis allgemeiner Verkehrssicherheit, das gerade im Wertpapierrecht ausschlaggebend ist, lohnt es nicht, subtil den Einzelfall zu prüfen,

---

[1] (1762) 2 Burr. 1354, bei Thurston, S. 179.

[2] First Nat. Bank v. Bank (1906) 108 N. W. 546 (N. D.), American Expr. Co. v. State Nat. Bank, 1911, 113 Pac. 74. (Okl.).

[3] Dagegen Welch v. Goodwin (1877) 123 Mass. 71.

[4] Jonston v. Commercial Bank 55 Am. Rep. 315; Jones v. Miners B. (1910) 128 S. W. 829 (Mo.); Ames, 4 Harv. L. R. 297, 302.

Beweise über Irrtum, Fahrlässigkeit usw. zu führen. Der allgemeinen Lebenserfahrung, die hier zu einer Fiktion verstärkt wird, entspricht es, daß man seine eigene Unterschrift kennt. Meist wird der Irrtum hierüber auf grober Fahrlässigkeit beruhen. Jedenfalls aber wiegt das Allgemeininteresse schwerer als das des Einzelnen. Ähnlich begründet Grünhut[1] den Ausschluß des Bereicherungsanspruchs bei Schädigung des Empfängers für das deutsche Recht damit, es sei Sache des Akzeptanten, die Fälschung seiner Unterschrift zu erkennen. In Wahrheit ist aber hier für das deutsche Recht nur der Gesichtspunkt des Wegfalls der Bereicherung entscheidend. — Über Fälschungen von Indossamenten sowie über Verfälschungen des Inhalts des Wertpapieres kann sich der Bezogene leichter irren. Die Echtheit der Unterschrift der einzelnen Indossanten kann er nicht besser kennen als die Indossatare. Zu den Erwerbern des Wechsels steht er in keiner geschäftlichen Beziehung. Daher haben die Gerichte im allgemeinen hier kein Bedenken, nach Quasikontraktrecht die Kondiktion zu gewähren.[2] Sind aber nicht genau wie in einer Reihe oben erörterter Fälle die equities hier gleich? Denn der Beklagte hat ja den Wechsel entgeltlich erworben. Und hat der beklagte gutgläubige Indossatar nicht den Vorteil des legal title am Geld?[3] Das Risiko muß aber hier den Erwerber treffen, soll nicht der wertpapierrechtliche Satz umgangen werden, daß ein gefälschtes Indossament kein Recht überträgt. Könnte der Beklagte die Leistung des Klägers behalten, so müßte dieser an den Berechtigten, den Inhaber des letzten gültigen Indossaments nochmals zahlen. Der Beklagte wäre doch ebenso gestellt, als ob er das Recht erworben hätte.[4] Die besondere Regelung des Wertpapierrechts wirkt hier also der nach Quasikontraktrecht für den Beklagten gegebenen equity entgegen. Entsprechende Erwägungen gelten bei Verfälschung des Inhalts eines Wertpapieres. — Im deutschen Recht ist die Risikolast anders verteilt. Die Gefahr trägt der Inhaber des letzten gültigen Indossaments.

Bei Fälschungen der Ausstellerunterschrift hat der Beklagte ebenfalls kein Recht aus dem Wertpapier erworben; denn dieses würde auf der gefälschten Unterschrift beruhen. Akzept und Lei-

---

[1] A. a. O., II, S. 263.

[2] Vgl. Woodward, S. 128; First Nat. Bank v. City Nat. Bank (1902) 65 N. E. 24 (Mass.).

[3] Ames in 4 Harv. L. R., S. 307.

[4] Ames, a. a. O.

stung des Klägers beruhen auf dem Irrtum über die Echtheit, wegen des Erstattungsanspruchs gegen den vermeintlichen Aussteller.[1] Unter Berücksichtigung der wirtschaftlichen Verhältnisse im regelmäßigen Geschäftsverkehr ist es gerechtfertigt, wenn hier der Leistende den Schaden trägt, nicht der Empfänger. Denn im allgemeinen steht der Bezogene zu dem als Aussteller Bezeichneten im ständigen Geschäftsverkehr und sieht dessen Unterschrift häufig. Daher kann ihm zugemutet werden, ihre Echtheit zu prüfen. Es kommt hinzu, daß wirtschaftlich die Häufigkeit der Einlösung von Wertpapieren für den Kunden und der damit verbundene Vorteil ein gewisses Äquivalent für den gelegentlich durch eine Fälschung entstehenden Schaden bietet. (Das Gleiche muß für das deutsche Scheckrecht gelten, da hier infolge der Wirkungslosigkeit eines Akzepts (§ 10) der Bezogene aus seiner Unterschrift nicht haftet, eine dem Art. 75 WO. entsprechende Vorschrift daher fehlt.) Diese Erwägungen werden vielfach nicht erst für die Kondiktion angestellt, sondern schon für die Zulässigkeit von Einwendungen gegen das vorangehende Akzept. Das irrtümlich abgegebene Akzept ist zwar wertpapierrechtlich nicht bindend, aber der Akzeptant darf sich gutgläubigen, entgeltlichen Erwerbern gegenüber nicht auf die Fälschung berufen.[2] Das Ergebnis dieses Gedankenganges wird in der Formel zusammengefaßt: „*The drawee is deemed to know the drawees signature.*“[3]

Eine Reihe von Gerichten wie von Schriftstellern haben versucht, dieses Ergebnis mit bereicherungsrechtlichen Sätzen zu begründen. Eine Lehre folgert die Versagung der Kondiktion aus der Fahrlässigkeit des Leistenden, der die Fälschung nicht erkannt habe. Der Bezogene müsse Sorgfalt bei der Prüfung der Unterschrift anwenden und habe auch die Mittel hierzu in der Hand.[4] Dies trifft zwar für die große Mehrzahl der Fälle zu, besonders, wenn die Akzeptantin eine Bank ist, nicht aber für alle (z. B. Privatpersonen). Von dieser Auffassung aus müßte im Einzelfall der Nachweis der Schuldlosigkeit zulässig sein,[5] was aber mit Recht (nämlich aus Gründen des Wertpapierverkehrs) abgelehnt wird.[6] Weiterhin genügt im allgemeinen eine Fahrlässigkeit des

---

[1] U. S. Nat. Bank v. Union Nat. Bank (1920) 110 Atl. 792 (Pa.).

[2] U. S. Nat. Bank v. Union Nat. Bank (1920) 110 Atl. 792 (Pa.).

[3] Price v. Neal (1762) 3 Burr. 1354.

[4] First Nat. B. of Danvers v. First Nat. B. of Salem (1890), 24 N. E. 44 (Mass.).

[5] Ames, a. a. O., S. 298.

[6] Woodward, S. 137.

Klägers ja nicht, um seinen Bereicherungsanspruch zu vernichten (vgl. oben S. 93 ff.). Schließlich spricht gegen diese Lehre, daß unbestritten jede Nachlässigkeit einer der beiden Parteien im Einzelfall nach allgemeinen Regeln zu berücksichtigen ist (unten S. 126). Ein Tatumstand darf aber nicht doppelt verwertet werden. Nur eine Umschreibung des Problems ist es, wenn die Entscheidungen vielfach von einem „constructive fault“ mit einer im angelsächsischen Recht sehr beliebten Terminologie sprechen.[1] „Constructive fault“ bedeutet, daß es tatsächlich auf Verschulden nicht ankommt, sondern das Gesetz zur Erzielung eines erstrebten Ergebnisses eine Fiktion verwendet, in der es die dem System bekannten Begriffe, wie „negligence“ etc. aufnimmt. — Tiefer geht die zweite Lehre, die die Stellung beider Parteien nach Billigkeitsgesichtspunkten abwägt und unter Anwendung des Satzes *„In equal equities the legal title must prevail“* zu einem dem Beklagten günstigen Ergebnis kommt.[2] Der Inhaber des Papiers habe ebenso wie der Bezogene für den Erwerb des Papieres Geld hingegeben, sodaß eine Herausgabepflicht ihn schädigen müsse. (Der Regreßanspruch gegen den Betrüger ist praktisch wertlos, — darauf beruht die Bedeutung der ganzen hier behandelten Fragen.) Den legal title am Geld aber habe der Beklagte. Also bestehe kein Anlaß, diese Lage zu ändern. Auch Lord Mansfield in Price v. Neal legte diesem Umstand erhebliches Gewicht bei: es sei nicht „against conscience“ für den Beklagten, unter diesen Umständen das Geld zu behalten. Von den Lehren des Quasikontraktrechts aus ist diese Auffassung indessen mehrfach bekämpft worden.[3] Es handele sich bei dem Erwerb des Papiers einerseits und der Leistung des Akzeptanten andererseits um zwei voneinander unabhängige Vorgänge. Der Schaden des Beklagten beruhe auf dem Erwerb eines wertlosen Papiers. Er würde den Schaden auf einen unbeteiligten Dritten abwälzen, wenn er dem Akzeptanten nicht zurückzahlte. Ebenso wenig wie die Lehre des „holder for value“ könne die des „change of position“ angerufen werden. Denn der Schaden des Beklagten (Zahlung für den Erwerb des Papiers) sei vor der Leistung eingetreten, könne daher nicht durch die Leistung des Klägers verursacht sein.[4] — Schließlich ist behauptet worden, die

---

[1] Germania Bank v. Boutell (1895) 62 NW. 327 (Minn.).

[2] Ames, a. a. O., S. 299 ff.

[3] Wigmore 25 Am. L. R. 695, 706; Keener, S. 154 ff.; Woodward, S. 133 ff.

[4] Keener, Woodward, a. a. O.

Versagung der Kondiktion beruhe darauf, daß der Kläger nicht über seine Verpflichtung gegenüber dem Beklagten, sondern gegenüber dem als Aussteller Bezeichneten irre, daher vom Beklagten nicht kondizieren könne.[1] Diese Auffassung beruht, wie schon dargelegt, auf der Anschauung, daß nur ein Irrtum gegenüber dem Beklagten erheblich sei und fällt mit der allgemein herrschenden Ansicht, daß ein Tatirrtum immer dann erheblich ist, wenn er für die Leistung des Klägers ursächlich war.

All diese Lehren sind insofern für das System der quasi-contracts sehr nützlich gewesen, als sie von einem Grenzgebiet aus zu einer schärferen Herausarbeitung der Quasikontraktsätze und zur Erkenntnis der Grenzen ihres Anwendungsgebiets geführt haben. Eine befriedigende Begründung konnten aber all diese Lehren nicht geben, da sie auf der Voraussetzung aufbauten, daß die Sätze des Quasikontraktrechts unbeschränkt Anwendung finden. In Wahrheit erfordert der Handelsverkehr in den oben behandelten Fällen eine besondere Verteilung der Risikolast.[2] Schon Lord Mansfield meinte, daß: *„this is a case that can never be made clearer by argument"*.

Keineswegs aber stehen die erwähnten Fälle ganz außerhalb des Systems der q. c. Jeder Umstand, der das durch die Sonderregelung des Wertpapierrechts anders gelagerte Verhältnis der Parteien erschüttert, ändert auch hier die Rechtslage.

1. Wenn der Beklagte das Wertpapier unentgeltlich erworben hat, so ist die equity des Klägers stärker als die Erfordernisse des Wertpapierrechts. Der Verkehr rechnet damit, daß Wertpapiere entgeltlich im Geschäftsverkehr erworben werden. Ist dies nicht der Fall, so besteht kein Anlaß, von der allgemeinen Regelung des Quasikontraktrechts abzugehen.[3]

2. Liegt im Fall der Fälschung der Ausstellerunterschrift Fahrlässigkeit nur auf seiten des Klägers vor, so bewendet es bei der allgemeinen Regel, daß sein Anspruch ausgeschlossen ist. Sein „constructive fault" wird hier durch „actual fault"[4] verstärkt.

3. Ist nur der Beklagte in der Nichterkenntnis der Fälschung fahrlässig, so wird fast durchwegs der Kondiktion stattgegeben. „Actual fault" auf seiten des Beklagten hebt die zu Ungunsten des Klägers wirkende Sonderregelung des Wertpapierrechts auf.

---

[1] Wigmore, a. a. O., S. 706.

[2] So mit Recht Costigan, 20 Harv. L. R. 209 und Woodward, S. 137.

[3] Title guarantee v. Trust Co. (1909) 89 N. E. 1082, 1085 (N. Y.).

[4] Nat. Bank v. Bangs, 106 Mass. 444.

Die oben entwickelten allgemeinen Rechtssätze greifen jetzt wieder ein.

Lehrreich ist der Fall Rouvant v. San Antonio Nat. Bank.[1] R. hatte einem ihm oberflächlich bekannten M. Wertsachen verkauft, wofür ihm dieser einen Scheck ausgestellt und in seiner Gegenwart mit dem Namen des ihm ebenfalls oberflächlich bekannten I. gekennzeichnet hatte. Kurz vorher hatte R. schon andere Geschäfte mit M. abgeschlossen, wobei dieser seine Schecks immer mit eigenem Namen gezeichnet hatte. Die bezogene Bank löste den Scheck ein, da ihr R. als angesehener Kaufmann bekannt war, und belastete das Konto des als Aussteller bezeichneten I. damit. Da dieser die Belastung nicht anerkannte, klagte die Bank jetzt gegen R. auf Rückzahlung. Der Klage wurde stattgegeben, weil: „*the loss is attributable to R's negligence and upon him it should be fixed.*"

In Ellis v. Ohio Life Insur. Co.[2] hatte der Beklagte einen Scheck von einem Unbekannten ohne Erkundigung nach dessen Recht erworben. Der Akzeptant konnte den bezahlten Betrag zurückfordern. Eine große Anzahl weiterer Entscheidungen, sowie die Mehrzahl der Schriftsteller,[3] kommen zu dem gleichen Ergebnis. Demgegenüber dürften einige ältere entgegenstehende Entscheidungen[4] kaum ins Gewicht fallen.

4. Umgekehrt schließt ein „actual fault" des Klägers den Anspruch da aus, wo er ihm sonst gewährt wird (z. B. bei Fälschung von Indossamenten), mag diese Fahrlässigkeit wiederum „negligence" bei Erbringung der Leistung oder „laches" nach Entdeckung in der Geltendmachung des Anspruchs sein. In First Nat. Bank v. First Nat. Bank[5] hatte die bezogene Bank den angeblich von A. ausgestellten Scheck honoriert, obgleich dieser kein persönliches Konto, sondern nur ein Konto als Vermögensverwalter bei ihr hatte. Sie hätte den Scheck nicht honorieren dürfen, sondern zuvor bei dem vermeintlichen Aussteller anfragen müssen, wodurch die Fälschung aufgeklärt worden wäre. Die Klage wurde daher abgewiesen. Ebenso in einer großen Anzahl weiterer Entscheidungen.[6] Besonders lehrreich nach Ergebnis und Begründung ist eine

---

[1] (1885) 63 Tex. 610.
[2] 4 Ohio St. 628, 64 Amer. Dec. 610.
[3] Vgl. Page, S. 2689 zu n. 13; Woodward, S. 143, n. 1.
[4] Zit. bei Woodward, S. 143, n. 2.
[5] 50 N. E. 723 (Ohio).
[6] Nat. Bank v. Nat. Ass. (1872), 55 N. Y. 211.

Entscheidung des Obersten Gerichtshofs von West Virginia.[1] Beide Parteien hatten stark fahrlässig gehandelt. Die beklagte Bank hatte einen Scheck von einem Unbekannten ohne Prüfung der Identität der Unterschrift des Ausstellers und der sonstigen Berechtigung des Verkäufers gekauft und der Klägerin zur Einlösung präsentiert. Die Klägerin hatte im Vertrauen auf die Echtheit akzeptiert und bezahlt, ohne eine einzige Unterschrift des angeblichen Ausstellers, ihren Kunden, in Händen zu haben. Das Gericht legte in längeren Ausführungen dar, daß beide Parteien fahrlässig gehandelt hätten, von der Spezialregel für Fälschung von Unterschriften des Ausstellers sei auszugehen und nun der Einfluß der Fahrlässigkeit beider Parteien auf diese Rechtslage zu prüfen. Mit Recht gelangte das Gericht zur Abweisung. Die Fahrlässigkeit des Beklagten, die ihrerseits die ungünstige Ausnahmestellung des Klägers aufgewogen hatte, war wiederum neutralisiert durch die Fahrlässigkeit des Klägers. Diese Entscheidung zeigt am klarsten, wie sich die in diesem Kapitel behandelten Fälle in das System der q. c. eingliedern.

D.

§ 17.

Die „equitable nature“ der Ansprüche aus quasi-contract zeigt sich auch an den Regeln über den Zeitpunkt der Entstehung des Anspruchs. Der Anspruch gegen den Bereicherten entsteht nämlich nach der Mehrzahl der Entscheidungen erst dann, wenn der Beklagte nicht nur objektiv zu Unrecht besitzt, sondern auch subjektiv ins Unrecht gesetzt ist. In allen Fällen, in denen der Beklagte den Mangel seines Rechts nicht kennt, ist ihm daher die wahre Rechtslage (necessity of demand) mitzuteilen.[2] Die Entscheidungen erklären diese Voraussetzung auch nicht als durch die Klageerhebung ersetzt. Vielmehr handelt es sich bei der „necessity of demand“ um eine zusätzliche materielle Voraussetzung des Anspruchs. Vor der Kenntnis besitzt der Beklagte noch nicht „against conscience“.[3] *„It is just that he should have an opportunity to correct the mistake before being subject to the risk and expenses of the litigation.*[4] Wenn der Beklagte den Mangel der

[1] (1910) 66 S. E. 761 (W. Va.).
[2] Sharkey v. Mansfield 90 N. Y. 227.
[3] Vgl. Freeman v. Jeffries (1869) L. R. 4 Exch. 189.
[4] Sharkey v. Mansfield (1882) 90 N. Y. 227.

Verpflichtung bei Empfang der Leistung kennt, entfällt die Notwendigkeit der Mitteilung, ebenso von dem Zeitpunkte der späteren Kenntnis an.[1] Eine Reihe von Entscheidungen nehmen Entstehung des Anspruchs mit dem Empfang der Leistung an.[2] Sie werden von der Wissenschaft bekämpft und beruhen offenbar auf falscher Auslegung von Präjudizien. Für Einzelheiten muß auf die Ausführungen von Keener[3] und Woodward[4] verwiesen werden.

Wie der Anspruch, muß auch seine Verjährung erst mit der Kenntnis des Beklagten, nämlich mit der Entstehung des Anspruchs beginnen.[5] Die Gerichte, die mit dem Empfang der Leistung den Anspruch entstehen lassen, verlegen mit Recht auf diesen Zeitpunkt auch den Beginn der Verjährung.[6] Woodward, der diese Ansicht bekämpft, meint trotzdem in Übereinstimmung mit dem in California[7] geltenden Recht, daß der Zeitpunkt der Entdeckung des Irrtums oder der Möglichkeit seiner Entdeckung durch den Kläger maßgebend sein sollte. Diese Lösung erscheint nicht befriedigend, da, wie oben ausgeführt, die Entstehung des Anspruchs von der Kenntnis des Beklagten abhängt.

III. Die Bedeutung des Bereicherungsbegriffs im anglo-amerikanischen Privatrecht außerhalb der condictio.

A.

§ 18.

Die Hervorhebung des Bereicherungsrechts im System der quasi-contracts beruht nicht nur auf seiner überragenden praktischen Bedeutung. Die Grundbegriffe des Bereicherungsrechts, wie sie vor allem bei der „*recovery of payments under mistake*“ entwickelt worden sind, sind zugleich die des ganzen Quasikontraktrechts. Das Recht der Geschäftsführung ohne Auftrag, die Regelung des Verwendungsersatzes in den §§ 994 ff. BGB. bestimmt sich im deutschen Recht nach selbständigen, von der Bereicherung unabhängigen Grundsätzen. Im anglo-amerikanischen Recht sind

---

[1] Woodward, S. 172 zu n. 4, 5.

[2] Leather Manufactures v. Merchants B. (1888) 128 U. S. 26.

[3] S. 124 ff.

[4] S. 50 ff.

[5] Z. B. Wychoff v. Curtis (1894) 27 N. Y. Supp. 1012.

[6] City v. Peterson (1887) 14 N. E. 551 (Ind.).

[7] Code of civ. proced. § 331.

die Begriffe des „enrichment", des „at expense", des „against conscience" usw. unmittelbar auf die eben bezeichneten Rechtsgebiete anzuwenden. Kondiktion, Verwendungsersatz, Ersatz der Aufwendungen aus negotorium gestio sind Varianten eines einheitlichen Grundprinzips. Nur einzelne Voraussetzungen wechseln. Damit schließen sich die außervertraglichen Ersatzansprüche (außerhalb des Rechts der unerlaubten Handlung) zu einem von einheitlichen Grundsätzen beherrschten Gebilde zusammen.

Das Recht der negotiorum gestio wird gekennzeichnet durch den Grundsatz des angelsächsischen Rechts, das eine Einmischung in fremde Angelegenheiten ohne Auftrag trotz Bereicherung des anderen keinen Anspruch irgendeiner Art gewährt.[1] In Boston Ice v. Potter[2] hatte A an B Eis zu liefern. Wegen Mangelhaftigkeit der Ware trat B vom Vertrage zurück und schloß einen gleichartigen Vertrag mit C. C verkaufte später sein Geschäft an A, der damit in seine Verträge eintrat und die Eislieferungen an B mangelfrei ausführte, ohne jedoch B von dem Wechsel in Kenntnis zu setzen. Als B dies später erfuhr, verweigerte er jede Zahlung für die Lieferungen des A. Das Gericht gab ihm Recht mit der Begründung, daß niemand sich einem anderen als Gläubiger aufdrängen dürfe. Der Schuldner habe ein Interesse daran, zu wissen, wer sein Gläubiger sei. Anders liegt es, wenn das Allgemeinwohl oder andere öffentliche Interessen ein Eingreifen verlangen. (Z. B. begründet Unterstützung einer von ihrem Ehemann verlassenen, notleidenden Ehefrau einen Erstattungsanspruch gegen den Ehemann in Höhe der Befreiung von dessen Verbindlichkeit, vgl. oben S. 61.) Andererseits kann man auch Erstattung des zur Wahrung eines eigenen Rechts für einen Dritten erbrachten Leistung verlangen[3] (vgl. § 268 BGB.) Nie aber ist auch bei Vorliegen dieser Voraussetzungen ein Anspruch gegeben, wenn der andere nicht „unjustly enriched" ist.[4] Durch diese Einschränkungen wird das Recht der Geschäftsführung ohne Auftrag, im amerikanischen Recht bezeichnet als *„recovery for benefit conferred without request"*, der ungerechtfertigten Bereicherung stark angenähert. Der Begriff des „unjust enrichment" bildet das verbindende Element. Es

[1] vgl. Curti II, S. 90; Keener, S. 341 ff.; Woodward, S. 308 ff.
[2] (1877) 123 Mass. 28, 30.
[3] Ames, History of Assumpsit, bei Scott, Cases, S. 18 zu n. 1.
[4] Edmunds v. Wallingford 14 Q. B. D. 811.

bleibt im wesentlichen der Unterschied, daß für die condictio indebiti ein erheblicher Irrtum, für den Anspruch aus auftragsloser Geschäftsführung eine „dutiful intervention", ein pflichtgemäßes, d. h. im öffentlichen Interesse liegendes Eingreifen Voraussetzung ist.

Im deutschen bürgerlichen Recht sind die Ansprüche des Besitzers gegen den Eigentümer wegen Verwendung auf seine Sache (§§ 994 ff. BGB.) unabhängig von einer Bereicherung des Eigentümers.[1] Nur § 996 BGB. setzt eine fortdauernde Werterhöhung voraus. Im angelsächsischen Recht hingegen steht auch der Ersatz von „improvements" unter der selbstverständlichen Voraussetzung eines „benefit" für den Beklagten. Das ganze Quasikontraktrecht wird durch Billigkeitsgrundsätze beherrscht. Equity greift aber nicht zugunsten des Klägers ein, wenn der Beklagte keinen Vorteil gehabt hat. Man kann die Verwendungsersatzansprüche sogar unmittelbar der condictio indebiti angliedern. Auch hier ist ein Anspruch nur gegeben, wenn der Kläger glaubt, ein Recht an der Sache, sei es Eigen- oder Fremdbesitz, zu haben und im Glauben an dieses Recht Verwendungen macht. Wie es für „voluntary payments" keine Rückforderung gibt, so auch nicht für freiwillige Leistungen an einen anderen, die in Verwendungen auf dessen Sache bestehen.[2] Dem Erfordernis der „misreliance" (irrtümliches Trauen auf das eigene Recht) entspricht der Bedeutung nach im deutschen Recht die Voraussetzung der Gutgläubigkeit für die Ansprüche des Besitzers; denn guter Glaube ist begrifflich mit Irrtum verbunden, hier mit Irrtum über das eigene Recht. Allerdings ist Gutgläubigkeit im bürgerlichen Recht nur Voraussetzung bei Ersatz nichtnotwendiger Verwendungen. Die Unterscheidung zwischen notwendigen, nützlichen und sonstigen Verwendungen wird im angelsächsischen Recht durch den einheitlichen Begriff des „unjust enrichment" ersetzt.

Das bunte Bild der quasi contracts wird vervollständigt durch die Fälle, in denen nicht ein Irrtum, sondern ein Ausschluß der freien Willensbestimmung des Leistenden durch Täuschung, Zwang oder Drohung die Leistung als ungerechtfertigt erscheinen läßt. Liegt eine unerlaubte Handlung des Beklagten vor, so ergibt sich seine Bereicherungshaftung schon aus „waiver of tort" wahlweise neben der Schadensersatzverpflichtung.

[1] Wolff, Sachenrecht, 26. Aufl., S. 286 zu Anm. 3; Planck-Brodmann, Vorbem. zu §§ 994 ff., RG. Gruch. 57, 997.
[2] Woodward, S. 299 ff.

Beruht die Zwangslage auf sachlichen Umständen (z. B. dem Kläger droht Beschlagnahme seiner Waren bei Nichterfüllung des unbegründeten Anspruchs[1]), so ersetzt „compulsion", die Zwangslage, den sonst bei Leistungen des Klägers erforderlichen Irrtum. Der Kläger kann zurückfordern.[2]

Im deutschen Recht wird die Rechtswidrigkeit einer Handlung durch einen gültigen Staatsakt beseitigt. Nur mit Hilfe des § 826 BGB. hat das Reichsgericht, unter heftigem Widerspruche eines Teiles der Wissenschaft,[3] versucht, krasse Ungerechtigkeiten auszugleichen, wenn ein Urteil sittenwidrig erschlichen wird.[4] Die Bedenken gegen diese Lösung ergeben sich aus der Bedeutung des Staatsakts und der Rechtskraft. — Das angelsächsische Recht kennt diese Bedenken nicht. Ihm kann eine Urteilswirkung als ebenso unzulässiger Zwang erscheinen wie die Drohung eines Einzelnen. Die unter „cmpulsion of law", nämlich unter dem Zwange eines Urteils erbrachte Leistung wird nach denselben Grundsätzen behandelt, wie eine „compulsion of fact". Es ist daher seit langem anerkannt, daß dann, wenn der Beklagte sich sittenwidrig ein falsches Urteil verschafft hat, die Leistung nur unter dem (widerrechtlichen) Drucke des gesetzlichen Zwanges erbracht ist und daher nach den Grundsätzen der quasi contracts, d. h. bei Vorhandensein eines enrichment, zurückgefordert werden kann.[5]

B.

§ 19.

Die „constructive trusts" regeln ebenfalls eine Reihe von Bereicherungsansprüchen und bilden darum eine notwendige Ergänzung der quasi contracts. *„Constructive trusts are created by courts of equity whenever a legal title to property is found in one who is not an express trustee, but who is not equitably entitled to retain such legal title."*[6] Zum Ausgleich der Spannungen zwischen Billigkeit und gegenwärtiger Rechtslage wird hier also auf das Rechtsgebilde des Trusts zurückgegriffen. Ein Trust ist ein Rechtsverhältnis, durch das der Inhaber des Rechts (tru-

---

[1] Hooper v. Mayor 56, L. I. 457, bei Keener, S. 427.
[2] Keener, S. 426 ff., Woodward, S. 336 ff.
[3] Vgl. Pagenstecher, Materielle Rechtskraft, S. 395 ff.
[4] RGZ. 75, 213; 78, 389; JW. 1926, S. 1148[6].
[5] Keener, S. 415; Woodward, S. 363 ff.
[6] Bogert, On Trusts, S. 116.

stee) an einer Sache verpflichtet wird, das Recht im Interesse und zum Nutzen eines anderen (des Cestui que Trust) auszuüben.[1] Er ist diesem zur Herausgabe verpflichtet. Durch die „constructive trusts" wird wiederum mittels einer Fiktion ein derartiges Rechtsverhältnis erzeugt, um einen zur Lösung der in Frage stehenden Fälle geeigneten Rechtsbehelf zu schaffen. Der constructive trustee ist kein wahrer Treuhänder. Er ist nicht, wie dieser, zu einer umfangreichen Verwaltungstätigkeit für den Treunehmer verpflichtet[2] (passive trust). Während der echte trust ein auf lange Dauer berechnetes Rechtsverhältnis ist, dessen Bedeutung gerade in der vollen, nur durch das Interesse des Treunehmers begrenzten rechtlichen Herrschaftsgewalt des trustee über das Treugut besteht, erschöpfen sich die constructive trusts in der Pflicht zur Herausgabe des mit dem trust belasteten Gegenstandes durch den Inhaber des legal title an den in equity Berechtigten. — Die c. tr. werden von Equity-Gerichten geschaffen, um den legal title dem zu verschaffen, dem er gebührt. Auf dieser materiellen wie formellen Zugehörigkeit zum Billigkeitsrecht beruht es, daß ihre Anwendung im Gegensatz zu den aus dem Aktionensystem entwickelten quasi contracts an keine bestimmten Voraussetzungen gebunden ist. Wann immer equity die Übertragung des Rechts von dem gegenwärtigen Inhaber an einen anderen fordert, kann das Gericht mittels eines c. tr. einen Herausgabetitel schaffen. Darum sind auch die Anwendungsmöglichkeiten der c. tr. nicht erschöpfend aufzuzählen.[3]

Die wichtigsten für das Bereicherungsrecht erheblichen c. tr. sind folgende:

1. Zunächst alle Fälle, wo der „legal title" durch Irrtum erlangt ist. In Cole v. Fickelt[4] hatte der Kläger an den Beklagten eine Farm verkauft und übergeben, die ein Grundstück umfaßte, das beide Parteien als zu einer anderen Farm gehörig betrachteten. Alle die bei den quasi contracts erörterten Fragen, wie „mutual mistake", „against equity and good conscience", „notice of the mistake", kehren hier wieder und werden nach den gleichen Gesichtspunkten geprüft. Es kann daher für diese Fälle auf die parallele Regelung des Quasikontraktrechts verwiesen werden. Nur ist hier

[1] Bogert, S. 1.
[2] Vgl. Bogert, S. 116/17.
[3] Pomeroy, § 1047; Roth, Der Trust, S. 136.
[4] (1901). 49 Atl. 1066. (Me.)

Ziel des Herausgabeanspruchs — wie im deutschen Bereicherungsrecht allgemein — primär die erlangte Sache.

2. Die bedeutendste Ergänzung des Systems liegt in der durch „conversion" geschaffenen Haftung aus c. tr. „Conversion" ist die schuldhafte oder schuldlose[1] Entziehung einer Sache aus der Verfügungsgewalt des Berechtigten durch eine Handlung des „convertor". Welcher Art diese Handlung ist, ist unerheblich. Sie kann in einer Veräußerung der Sache, in Vermischung, Aneignung, in jeder Handlung bestehen, die dem Berechtigten die Sache dauernd oder auf längere Zeit entzieht. Der Besitzer der Sachen zerstört damit ein fingiertes Treuverhältnis. Damit wird das bereicherungsrechtliche System durch zwei wichtige Haftungstatbestände ergänzt, die im Recht der quasi contracts fehlen und fehlen müssen, weil sie eine primäre Verpflichtung auf Herausgabe der erlangten Sache voraussetzen:

a) Die Bereicherungsverpflichtung aus eigener Handlung des Bereicherten (§ 812 BGB. „in sonstiger Weise"), die die Unterscheidbarkeit des zu Unrecht erlangten Gegenstandes beseitigt, wie Vermischung und Verarbeitung. Z. B.: ein trustee verschafft sich durch Vermischung fremden Gutes mit dem Trustgut den legal title an ersterem.[2] Eine Bank vermischt fremdes, zur Verwahrung empfangenes Geld mit eigenem; sie gerät in Konkurs.[3]

b) Die zweite Gruppe entspricht zum Teil den Fällen des § 816 BGB. Wer über fremdes Eigentum widerrechtlich wirksam verfügt, haftet für den Erlös. So der Angestellte, der sich Waren seines principal aneignet und sie veräußert;[4] der trustee, der rechtswidrig das Treugut im eigenen Interesse verkauft.[5] In allen diesen Fällen haftet nur der Verfügende, wenn der Dritte gutgläubig und entgeltlich erworben hat.[6] Bei nicht abhanden gekommenen Sachen ist der Dritte in diesem Fall geschützt. Der Erlös, den der Verfügende erlangt hat, tritt an die Stelle der Sache selbst. An dieser erlischt der equitable title mit dem Augenblick des gutgläubigen Erwerbs. — Die Haftung ergreift jedoch über die des § 816 BGB. hinaus auch den Dritten. Es bedarf nicht einer

[1] Bowers, Law of conversion, S. 3.
[2] Bogert, S. 120.
[3] Bank of Williston v. Aldermann 91 S. E. 296 (S. C.).
[4] Tecumseh Bank v. Russell (1897) 69 N. W. 763 (Neb.).
[5] Preston v. Moore (1915) 180 S. W. 320 (Tenn.).
[6] Pomeroy, § 1051.

rechtlich wirksamen Veräußerung, um die Haftung auf den Erlös zu erzeugen. Jede Handlung, die dem Berechtigten widerrechtlich die tatsächliche Herrschaft über die Sache entzieht, ist eine conversion.[1] „*Complete and absolute deprivation of property*" ist nicht erforderlich.[2] Damit werden — d. i. die wichtige Erweiterung über § 816 BGB. hinaus — alle Fälle, in denen ein wirksamer Erwerb eines Dritten nicht eintritt, aber die Sache tatsächlich der Verfügungsbefugnis des Berechtigten entzogen bleibt, in den Bereich der Haftung hineingezogen. An gestohlenen Sachen kann auch der gutgläubige Dritte kein Eigentum erwerben.[3] An diesen bleibt das Recht des Bestohlenen bestehen; auch der Dritte, ob gut- oder bösgläubig, haftet auf Herausgabe der erlangten Sache, an deren Stelle mit der Weiterveräußerung automatisch der Erlös tritt.[4] Die Haftung des Veräußerers aus c. tr. wird durch eine besondere Risikohaftung des Dritterwerbers abhandengekommener Sachen ergänzt. Gegen ihn ist die action of trover gegeben. Auf diese Weise gelangt das angloamerikanische Recht zu dem auch im deutschen Recht erwünschten, aber aus § 816 BGB. nur mit Hilfe gewagter Konstruktionen[5] herzuleitenden Ergebnis, daß auch der Erwerber abhanden gekommener Sachen den Erlös herauszugeben hat. Neben dem Erstveräußerer als constructive trustee haftet jeder spätere Erwerber auf Herausgabe der Sache oder des dafür Erlangten.[6] Der Geschädigte kann bei wirksamer Verfügung den Erlös vom „convertor", in anderen Fällen wahlweise die Sache selbst oder ihren Erlös von jedem Dritten verlangen. Das gleiche Ergebnis ist im Quasikontraktrecht nur möglich, soweit der Dritterwerber eine unerlaubte Handlung begangen hat. Insoweit besteht gegen ihn ein Schadensersatzanspruch, anstelle dessen durch waiver of tort die Bereicherung verlangt werden kann.

Für widerrechtlich empfangene Leistungen (vgl. § 816, Abs. 2 BGB.) haftet der Empfänger ebenfalls als constructive trustee. Denn ob der „in equity" Berechtigte der Leistende oder ein Dritter ist, ist gleichgültig, wie überhaupt die Haftung aus c. tr. von allen einengenden Voraussetzungen der quasi contracts frei ist. Der Unterschied zwischen den beschränkten Möglichkei-

---

[1] Bowers, S. 5.
[2] Bowers, S. 6.
[3] Bowers, S. 40.
[4] Bowers, S. 185/86.
[5] Vgl. RGZ. 115, 34; zusammenfassende Darstellung neuestens Dölle, Die Rechtspraxis des Reichsgerichts, Festgabe der Fakultäten, Bd. III, S. 22 ff.
[6] Bowers, S. 185/86.

ten eines Verfahrens „in law“ und der freien rechtsschöpferischen Tätigkeit eines Equity-Gerichts wirkt sich hier aus.

Die angeführten Fälle bezeichnen nur die für das Bereicherungsrecht wichtigen constructive trusts. Darüber hinaus werden sie vielfach unter ganz anderen Gesichtpunkten verwendet (z. B. zur Erzwingung formungültiger Abreden, deren Nichterfüllung treuwidrig ist, etc.). Diese sind hier nicht zu erörtern.

IV.

Zusammenfassung und rechtsvergleichende Würdigung.

§ 20.

Eine rechtsvergleichende Betrachtung des deutschen und angelsächsischen Bereicherungsrechts hat zwei Aufgaben zu erfüllen: Zunächst gilt es, das System des angelsächsischen Rechts selbst zu klären und auszubauen. Gerade im Quasikontraktrecht ist, wie oben ausgeführt, die Zahl der feststehenden und durchgearbeiteten Normen ziemlich gering. Viele Fragen sind bisher nur kasuistisch in teilweise einander widersprechenden Entscheidungen behandelt. Bei anderen zeigen sich Ansätze zu Weiterentwicklungen, zu Lösungen von historisch bedingten, jetzt innerlich nicht mehr gerechtfertigten Beschränkungen. Hier sind Entwicklungslinien anzuzeigen, Widersprüche zu klären, hier ist ein noch nicht durchgearbeitetes System im Geiste des angelsächsischen Rechts zu reinigen und zu vervollständigen. Die Rechtsvergleichung mit einem theoretisch mehr durchgearbeiteten System, wie dem des deutschen Rechts kann hierbei schon wichtige Dienste leisten. Nicht zur Wertung dient hier die vergleichende Betrachtung, sondern zur Erkenntnis des Systems. In dieser Hinsicht ist zunächst Stellung und Funktion des Bereicherungsrechts im Rahmen des angelsächsischen Privatrechtssystems zu beleuchten.

Konstruktive Erwägungen haben das angelsächsische Bereicherungsrecht, entsprechend dem Aufbau des ganzen Rechtssystems, nicht beeinflußt. Unter dem Druck der wirtschaftlichen Entwicklung hat die Rechtsprechung allmählich die einzelnen Bereicherungshaftungen herausgebildet. Erst die Rechtsvergleichung, besonders mit dem deutschen Recht, legt die Frage nach der konstruktiven Stellung der Bereicherungsansprüche innerhalb des Privatrechtssystems nahe. — In der Systematik des deutschen bürgerlichen Rechts und vor allem in der Bereicherungslehre wird der Unterscheidung zwischen abstrakten und kausalen Rechtsgeschäften größte Bedeutung beigemessen. In dem Ausgleich der ohne Rechtsgrund erfolgten abstrakten Vermögensverschiebung wird die Hauptfunktion des Anspruchs aus ungerechtfertigter Bereicherung gesehen; nach manchen Bemerkungen[1] scheint es sogar, als rechtfertige sich das Bereicherungsrecht überhaupt nur durch die Anerkennung abstrakten Rechtsübergangs. Es bedarf keiner Erörterung, daß dies jedenfalls nicht die zahlreichen Ansprüche aus ungerechtfertigter Bereicherung trifft, die zum Ausgleich einer nicht durch Leistung, sondern auf andere Weise erlangten Vermögensvermehrung dienen. Die Bereicherung kann durch eigene Handlung des Bereicherten erlangt sein (Vermischung) oder durch Handlung eines Dritten (Zuschlag in der Zwangsversteigerung, Eintragung ins Grundbuch) oder auf sonstige Weise (Benutzung fremder Sachen); gerade diese Fälle haben in der neueren Rechtsprechung wachsende Bedeutung erlangt.

Aber auch bezüglich der durch Leistung erlangten Bereicherung zeigt die Rechtsvergleichung, daß in diesen Fällen Bereicherungsansprüche auch solchen Rechtsordnungen bekannt sind, die die scharfe konstruktive Scheidung zwischen abstrakten und kausalen Geschäften nicht kennen. Wie dies für die romanischen Rechtsordnungen zu erklären ist, soll hier nicht untersucht werden.[2] Das angelsächsische Recht bietet einer solchen Untersuchung große Schwierigkeiten, eben weil es theoretische Unterscheidungen wie die zwischen abstrakt und kausal nicht ausdrücklich macht.

Für das Mobiliarrecht ist wiederum von der Entwicklung des Bereicherungsrechts als Ergänzung und Fortbildung der Deliktansprüche auszugehen. Die Entziehung von beweglichem Eigentum wurde früher einerseits gegen einen Vertragsgegner mit der action of detinue auf Herausgabe der Sache, andererseits gegen einen Dritten mit der action of trover verfolgt, die auf Schadensersatz ging. In dem Maße, wie sich der Gedanke der Natural-Erfüllung (specific performance) im englischen Recht durchsetzte, konnte auch mit der letzteren Klage in erster Linie die Sache selbst im Wege des Schadensersatzes verlangt werden. Dies hat in gewissem Umfange zu einem Vindikationsersatz geführt. Die beiden Arten von Klagen des Eigentümers wegen Vorenthaltung seiner Sache, detinue[3] wie trover, waren Deliktsklagen und ha-

---

[1] Vgl. RGRKomm. 6. Aufl. Vorbem. vor § 812.

[2] Vgl. hiezu Neuner, a. a. O., S. 28, 31 ff.

[3] Anson-Prochownick, S. 73, Turner v. Stallibrass (1898) 1 QB. 59

ben deren Voraussetzungen bewahrt. Conversion, d. h. ein „*unlawful act of dominion exerted over the personal property of another in denial of his right*“[1] liegt nur bei unerlaubtem Handeln (tortious acting) vor. „*Nonfeasance, or neglect of legal duty, mere failure to perform an act ....*“ genügt nicht.[2] Hier mußte sich daher eine Bereicherungshaftung ergänzend da entwickeln, wo die Voraussetzungen unerlaubter Handlung nicht gegeben waren, so in den zahlreichen Fällen gutgläubigen Empfangs einer nicht geschuldeten Leistung. Ferner aber mußte der Begriff der Bereicherung als Haftungsbegrenzung gerade bei deliktischen Tatbeständen Bedeutung gewinnen, wenn die entzogene Sache selbst nicht mehr im Vermögen des Beklagten war und nun an Stelle eines vielfach geringen Schadens der Wert der Vermögensvermehrung herausverlangt werden sollte. (Erlös der verkauften Sache usw. = waiver of tort.) Diese Entwicklung hat das Bereicherungsrecht in verschiedener Hinsicht beeinflußt. Zunächst gab sie einen anderen Ausgangspunkt für Erwägungen darüber, ob der herausverlangte Vermögenswert rechtlich in das Vermögen des Anspruchsgegners übergegangen war. Auch bei den Schadensersatzklagen stellt das angelsächsische Recht ausschließlich darauf ab, ob die herausverlangte Sache dem Vermögen des Eigentümers tatsächlich entwendet ist. Auch der Dritte, der eine abhanden gekommene Sache weiter veräußert, hat an ihr zwar nicht Eigentum erworben und darum das Eigentumsrecht nicht verletzt, aber wirtschaftlich hat er die Sache dem Berechtigten entzogen und haftet daher auf den Erlös.[1] Nicht die abstrakte rechtliche Gewalt, sondern der tatsächliche herrschaftsähnliche Besitzstand ist für die Eigentumsverletzung entscheidend. Deshalb wird vor allem stets davon ausgegangen, daß bei Fehlen des rechtlichen Grundes (Payment under mistake; failure of consideration) an Geld das Eigentum übergeht.

Die abstrakte Wirkung des Eigentumsüberganges bei Geld, wenn die intention der Parteien vorliegt, ist im angelsächsischen Recht nie in Zweifel gezogen worden.[3] Eine theoretische Begründung hierfür, die unserer Scheidung zwischen abstrakten und kausalen Rechtswirkungen durchaus entspricht, hat, soweit ersichtlich, nur Keener[4] gegeben. Die irrtümliche Zahlung von

---

[1] Chapin, On Torts, S. 370.
[2] Cooley, On Torts, S. 861; Bolling v. Kirby 7 So. 914 (Ala.).
[3] Vgl. auch Neuner, S. 54.
[4] S. 63 ff.; vgl. oben, S. 105.

Geld war aber der erste und bei weitem wichtigste Fall einer Bereicherungshaftung, der im Recht der quasi contracts anerkannt wurde. Auch bei den übrigen, später anerkannten einzelnen Bereicherungshaftungen aus grundlosen Leistungen ebenso wie in den Fällen, wo an Stelle der Sache die Haftung auf den Vermögenswert tritt, handelt es sich ganz überwiegend um Geldschulden. Dies führte dazu, im System der quasi-contracts die Bereicherungshaftung als reine Werthaftung entstehen zu lassen. Die Bereicherung geht auch theoretisch nicht in erster Linie auf die erlangte Sache, sondern auf den Wert der Vermögensmehrung.

Eine ganz andere Entwicklung hat der Eigentumsbegriff im Immobiliarrecht genommen. Der Gedanke des Eigentums an individuell bestimmten Sachen, nicht nur an Inbegriffen von Vermögenswerten, ist ursprünglich im Anschluß an die Verhältnisse der Feudalzeit und des Lehnswesens auf das Grundstücksrecht beschränkt. Hier gab es, im Gegensatz zum Mobiliarrecht, von Anfang an den Gedanken der „specific recovery". Auf diese Tatsache der Rückübertragbarkeit gründet sich überhaupt der Begriff der „real property".[1]

Die Eigentumsübertragung von Grundstücken knüpft sich im Gegensatz zum Mobiliarrecht an einen formellen Vorgang (deed).[2] Dieser formelle Akt bildet einen in sich selbständigen Rechtsvorgang; er überträgt den „legal title" und legitimiert den Erwerber zur Verfügung. Billigkeitsansprüche, die der Veräußerer auf Mängel des Erwerbsgrundes nachträglich stützt, können hier nur einen „equitable title" begründen, der den „legal title" belastet. Diese Scheidung entspricht der Sache nach etwa dem Verhältnis zwischen abstrakten und kausalen Rechtswirkungen. Hier aber entwickelte sich eine Bereicherungshaftung, die dem Grunde nach auf den gleichen Umständen beruht wie die Bereicherungshaftung des common law, von dem Gedanken der Sachhaftung aus. Der „equitable title" haftet sich an die zu Unrecht der rechtlichen Herrschaft des Empfängers unterworfene Sache als solche. Nur subsidiär tritt an ihre Stelle der erlangte Gegenwert als Sachsurrogat. Hieraus erklärt sich die Anknüpfung an das Trustrecht, Das Behalten der Sache erscheint jetzt treuwidrig. Der Empfänger haftet wie ein trustee, obgleich ein Trustverhältnis ursprünglich nicht begründet worden ist. An das Sy-

[1] Williams, On Real Property, S. 22.
[2] Jenks-Schirrmeister-Prochownick, II, S. 376/7, 818

stem der constructive trusts schloß sich daher die Bereicherungshaftung in denjenigen Fällen an, in denen auch im Mobiliarvermögen zunächst die zu Unrecht erlangte Sache selbst erstrebt wird. Die Verpflichtung aus quasi-contract blieb eine gattungsmäßige. Diese Verschiedenheit des Gegenstands der Verpflichtung wird noch heute vielfach als der grundlegende Gegensatz zwischen Verbindlichkeiten aus trust und aus contract bezeichnet.[1]

Die geschichtliche Entwicklung hat diesen Gegensatz jedoch allmählich aufgelöst. Eine Annäherung der constructive trusts an die quasi contracts war zunächst äußerlich dadurch möglich, daß nach dem Grundsatz der conversion der Erlös aus einer Sache für diese selbst eintritt. Infolgedessen gehen auch zahlreiche Klagen aus constructive trust auf Herausgabe von Geld, wie die aus quasi contracts. Ist aber Geld der Gegenstand der Herausgabepflicht, so ist zugleich „assumpsit", d. h., soweit die Scheidung noch besteht, die Klage vor den „common-law-Gerichten gegeben.[2] Vor allem aber konnte die Fiktion, kraft deren der unrechtmäßige Besitzer eines Vermögenswertes als (constructive) trustee angesehen wird, leicht auf die Art der Erlangung des herausverlangten Vermögenswertes erstreckt werden. Wer zur Herausgabe einer Geldsumme kraft Gesetzes verpflichtet ist, kann so behandelt werden, als wenn er eine bestimmte Geldsumme erhalten hätte. Er schuldet dann als constructive trustee diese Summe, bezw. ihren (hier gleichartigen) Wert als Surrogat. So erwähnt Pomeroy[3] die irrtümliche Leistung von Geld als einen Hauptanwendungsfall der constructive trusts, und ein neueres Urteil[4] behandelt einen Schulfall der irrtümlichen Leistung von Geld nach Trustrecht, unter Berufung auf Pomeroy. Umgekehrt wendet ein von Williston[5] zitiertes Urteil für die Herausgabe eines irrtümlich geleisteten Pferdes Quasikontraktrecht an.[6]

Die erwähnten Entscheidungen zeigen von beiden Seiten aus die Annäherung der einst so gegensätzlichen Gebiete. Auch der Unterschied der Gerichtsbarkeit in common law und in equity hat im wesentlichen seine Bedeutung verloren. Praktisch wird heute noch, im Anschluß an die geschichtliche Entwicklung, die über-

---

[1] Bogert, On Trusts, S. 43.
[2] Vgl. Chun Kam v. Myeos (1929) 274 Pac. 377 (Cal.).
[3] Eq. jur., § 1047.
[4] In re Northrup 152 Fed. 763.
[5] § 1575.
[6] Johnson v. Saum 98 N. W. 595 (I a).

wiegende Mehrzahl der Fälle nach Quasikontraktrecht behandelt, nämlich Leistungen von Geld und vertretbaren Diensten, während die Herausgabe bestimmter Sachen und von unbeweglichem Vermögen im allgemeinen sich nach dem Recht der constructive trusts regelt. Daß konstruktive Bedenken einer gemeinsamen Behandlung nicht entgegenstehen, zeigen die erwähnten Entscheidungen, die, einerseits vom Grundstücksrecht, andererseits von den Rechtsverhältnissen bei Geldleistungen ausgehend, stillschweigend eine abstrakte Wirkung des Eigentumsüberganges in den Fällen einer condictio anerkennen, eine Tatsache, die von angelsächsischen Schriftstellern bisher nur Keener[1] verwertet hat. Daß dem englischen Recht eine abstrakte Wirkung des Eigentumsübergangs sachlich ganz unbekannt sei,[2] ist also nicht zutreffend. Zu betonen ist allerdings, daß dem angelsächsischen Recht theoretische Scheidungen dieser Art völlig fern liegen, sondern daß es den oben dargelegten Rechtszustand aus den wirtschaftlichen Verhältnissen heraus entwickelt hat. Im einzelnen scheint die Anwendung des einen oder anderen Rechtsbehelfs durch die Gerichte heute vielfach Gefühlssache zu sein. In Anlehnung an den Trustgedanken neigen die Gerichte zur Gewährung eines Anspruchs aus constructive trust da, wo ihnen das Verhalten des Beklagten treuwidrig erscheint, z. B. durch Vertrauensbruch.[3] Die feste juristische Grenzziehung fehlt.

Von besonderer Bedeutung für die Entwicklung ist ferner die allmähliche Loslösung des Bereicherungsgedankens von den einzelnen Aktionsformen. Hier sind besonders sorgfältig die dem deutschen Recht wesensverwandten, aber noch unfertigen Normen von den ihm innerlich fremden zu scheiden.

Der Ausdehnung des Quasikontraktrechts auf Rückforderungen von Leistungen aller Art steht theoretisch nichts im Wege (oben S. 140). Nur ist hier der Anspruch aus constructive trust manchmal weitergehend (oben S. 134 ff.). Stehen insoweit beide Rechtsbehelfe nebeneinander, so wird die Haftung aus c. tr. eine notwendige Ergänzung zu der aus quasi contract da, wo ein individuell bestimmter Gegenstand durch eigene Handlung des Bereicherten dem Vermögen des Klägers entfremdet wird (abgesehen natürlich von den Fällen einer Haftung aus waiver of tort). Insoweit beruht die Scheidung auf den verschiedenen Ausgangspunkten der beiden Arten von Bereicherungsverpflichtungen.

---

[1] S. 63 ff.

[2] Neuner, a. a. O., S. 226.

[3] Preston v. Moore (1915) 180 SW. 320 (Tenn.).

Die Anwendungsgebiete der quasi contracts und der constructive trusts bilden heute zu einem großen Teil zwei sich schneidende Kreise; nur zu einem kleinen Teil ergänzen sie sich.

Vom bereicherungsrechtlichen Gesichtspunkt aus gehören beide Gebiete eng zusammen. Sowohl der Schuldgrund wie die wesentlichen Begriffe („enrichment", against conscience" etc.) sind ihnen gemeinsam. Diese Verwandtschaft wird durch das Zurücktreten der formalen Verschiedenheiten noch verstärkt. Umso erstaunlicher ist es, daß diese innere Beziehung zwischen den beiden Rechtssystemen bisher von der einschlägigen Literatur sowohl des Trustrechts wie des Quasikontraktrechts nie behandelt oder nur angedeutet worden ist. Lediglich Ames[1] streift die Frage beiläufig. Es soll dahingestellt bleiben, ob eine Vereinigung der beiden Haftungsarten zu einem einheitlichen Bereicherungsrecht möglich wäre. Eine gemeinsame Betrachtung beider Gebiete ist jedenfalls erforderlich. Sie würde durch die Erkenntnis der gemeinsamen Grundgedanken die Entwicklung der bereicherungsrechtlichen Begriffe fördern. Das Recht der quasi contracts würde von den historischen Bindungen des common law-Prozesses befreit werden; denn bei den im Rahmen des Trustrechts vor der chancery entwickelten constructive trusts ist die Billigkeitsnatur des Bereicherungsanspruchs stärker herausgearbeitet. Entsprechend der Freiheit dieser Entwicklung fehlt es an einengenden Tatbestandsvoraussetzungen (Leistung des Klägers an den Beklagten). Auch ist die fiktive Natur des Rechtsbehelfs als eines Mittels zur Erzwingung von Verpflichtungen ex lege, unabhängig vom Parteiwillen, klarer herausgearbeitet als im Quasikontraktrecht. Die Verwertung dieser Tatsachen für das System der q. c. würde die jetzt in Fluß befindliche Entwicklung zweifellos fördern.

3. Bedeutsam ist die sich anbahnende Erweiterung der einzelnen Tatbestandselemente. Was die Art der Erlangung der Bereicherung betrifft, so steht kein Grundsatz des angelsächsischen Rechts der Verfeinerung des Leistungsbegriffs durch Scheidung der rechtlichen Leistungswirkung von dem konkreten Geben und Nehmen und der Erweiterung des Bereicherungsanspruchs auf Erlangung der Bereicherung „in sonstiger Weise" über die Leistung zwischen Kläger und Beklagten hinaus entgegen (wenn auch nicht in dem Umfange des deutschen Bereicherungsrechts). Das erstere ist für das Teilgebiet der Erfüllung fremder gesetzlicher

[1] a. a. O., S. 165.

Verpflichtungen bereits geltendes Recht. Im übrigen zeigen die neueren Entscheidungen eine noch im Fluß befindliche Entwicklung an. Das letztere ist bisher in der Lehre der quasi contracts kaum berührt worden, während auf dem Gebiete der constructive trusts eine Leistung des Klägers an den Beklagten nie erforderlich war. Hieran schließt sich die Frage nach der Art der Vermögensverschiebung. Bevor nicht die Frage des Leistungsbegriffs in einem bestimmten Sinne entschieden sein wird, ist eine sichere Stellungnahme zu diesem Problem nicht möglich. Über die wenigen Anhaltspunkte vergl. oben S. 75 ff.

4. Von den Arten der condictio ist die condictio indebiti weitaus am eingehendsten entwickelt. Die condictio ob causam datorum wird in vereinzelten Entscheidungen verwendet. Ob eine Vereinigung der verschiedenen Tatbestände unter einer gemeinsamen Formel, wie in § 812 BGB. möglich wäre, ist eine Frage von mehr äußerer Bedeutung. Der Sache nach ist den verschiedenen Tatbeständen eine ähnliche Voraussetzung gemeinsam wie den Fällen des § 812 BGB. der Mangel des rechtlichen Grundes. Eine einheitliche Formulierung scheitert aber an der Herausstellung des Irrtums bei der condictio indebiti. Auf die materiellen Unterschiede, die sich hieraus gegenüber dem deutschen Recht der condictio indebiti ergeben, ist oben S. 34 hingewiesen worden (vor allem bez. des Rechtsirrtums). Im wesentlichen hat die Unterscheidung nur beweisrechtliche Bedeutung. Die Motive zum BGB. betonen schon, daß die Art der Behandlung des Irrtums lediglich auf beweisrechtlichen Erwägungen beruht habe.[1]

Ihre grundsätzliche Bedeutung gewinnt die Herausstellung des Irrtums im angelsächsischen Recht erst im Zusammenhange mit der Berücksichtigung des Verschuldens. Hier liegt ein Hauptangriffspunkt der rechtsvergleichenden Betrachtung. Das deutsche Recht zeigt lediglich einige Ansätze zur Berücksichtigung subjektiver Momente. § 814 BGB. setzt die sittliche der rechtlichen Pflicht gleich und bringt damit insoweit ungefähr denselben Gedanken zum Ausdruck, wie das „holding against conscience“ des anglo-amerikanischen Rechts. § 817 nimmt demjenigen, der moralisch verwerflich gehandelt hat, den Rückforderungsanspruch und stellt den sittenwidrgen Empfang, dem Mangel des rechtlichen Grundes gleich. Entsprechend gering ist die Bedeutung, die dem Ver-

[1] Mot. S. 833 (Bd. II).

halten des Beklagten im deutschen Recht zukommt. Nur in den §§ 817 und 819 kommt es auf die Umstände in der Person des Beklagten an. Kenntnis vom Mangel des rechtlichen Grundes verstärkt die Haftung, sittenwidriger Empfang begründet sie. Für die verbleibende große Mehrzahl der Fälle ist der Bereicherungsanspruch nur auf objektiven Voraussetzungen aufgebaut. Im ganzen stellt sich also die Herausgabe der ungerechtfertigten Bereicherung im deutschen Recht als ein rein rechnerischer Ausgleich einer Vermögensverschiebung dar. Keine Fahrlässigkeit, kein verkehrsfeindliches Verhalten auf einer der beiden Seiten beeinflußt die Beurteilung. Dies wirkt sich allerdings in der Regel der Fälle zugunsten des Klägers aus. Das Gesetz stellt sich fürsorglich vor den Unerfahrenen und den Leichtsinnigen. In der Geschichte des Bereicherungsrechts ist die Frage des Verschuldens, jedenfalls für die condictio indebiti, heftig umstritten gewesen.[1] Wenn sich das BGB. für den Ausschluß seiner Berücksichtigung entschieden hat, so beruht dies auf seiner allgemeinen Tendenz, aus konstruktiven Gesichtspunkten auf die objektiven Elemente abzustellen, mit der Folge, daß der Einzelne im weitgehenden Maße von Verantwortung und Risiko für seine Rechtsbehandlungen entlastet wird. Verwandte Probleme ergeben sich zu § 119 BGB. Die Regelung der Anfechtung wegen Irrtums ist verschiedentlich wegen der weitgehenden Beachtung des Irrtums angegriffen worden. Der Anspruch wird ohne Rücksicht auf Fahrlässigkeit des Irrenden und wirtschaftliche Unbilligkeit für den Gegner gewährt. § 122 BGB. bietet oft nur illusorischen Schutz.[2]

Immerhin zeigt auch das BGB., wenn auch auf anderen Gebieten, gewisse Ansätze zur Berücksichtigung des Verschuldens als eines Minderungsfaktors gegenüber dem nach objektiven Gesichtspunkten begründeten Anspruch. Die §§ 122, 307 BGB. setzen der Herausgabepflicht, die aus der Nichtigkeit bezw. Anfechtung des Rechtsgeschäfts folgt, die Möglichkeit eines gegnerischen Schadensersatzanspruches entgegen, wenn der andere Teil den Schaden verschuldet hat. Indessen handelt es sich hier nur um einzelne Ansätze. Ob sie de lege ferenda auszubauen sind, soll nicht erörtert werden.

Gegenüber dem im wesentlichen objektiv eingestellten, starren, aber klaren System des deutschen Rechts erscheint das des amerikanischen Rechts bewegter und elastischer. Der historische

---

[1] Vgl. Windscheid-Kipp, Pandekten, § 426 zu Anm. 14.
[2] Vgl. Gradenwitz, Irrtum und Reurecht, Passim.

Ausgangspunkt von Billigkeitserwägungen hat den Gerichten die Notwendigkeit einer Prüfung des Anspruchs nach allen Seiten hin vor Augen gehalten; das notwendig auf den Einzelfall eingestellte Prüfen der Billigkeiten hat vor Erstarrung bewahrt. Dogmatisch sind viele Entscheidungen voller Widersprüche; die Ergebnisse entsprechen im allgemeinen dem Billigkeitsempfinden. Wenn auch die Teile des angelsächsischen Bereicherungsrechts noch nicht zu einer Einheit zusammengeschlossen sind, und damit gegenüber der viel allgemeineren, auf alle Gebiete des bürgerlichen Rechts übergreifenden Funktion des deutschen Bereicherungsanspruchs zurückstehen, so hat doch das geschilderte System innerhalb der einzelnen Ansprüche, besonders der condictio indebiti eine erschöpfendere Würdigung des ganzen Sachverhalts zur Folge.

In diesem Zusammenhange interessiert besonders die Regelung des Wegfalls der Bereicherung in beiden Rechtsordnungen. Hier herrscht äußerlich im wesentlichen Übereinstimmung. „Wegfall der Bereicherung" vernichtet den Anspruch ebenso wie „change of position". Aber die folgende Einzelfrage zeigt schlaglichtartig die ganze Verschiedenheit der Ausgangspunkte: In RGZ. 65, 297 hat das RG. gegenüber dem Vorbringen, die Veruntreuung zu Unrecht empfangener Gelder durch einen Angestellten schließe die Bereicherungshaftung nicht aus, ausgeführt, daß § 818 BGB. einen auf § 812 gestützten Anspruch ganz allgemein vernichtet. „Es kommt hierbei darauf nicht an, aus welchem Grunde die zunächst eingetretene Bereicherung nachträglich wieder weggefallen ist." Folglich ist z. B. der zufällige Verlust der erhaltenen Sache nach § 818 BGB. erheblich.[1] Das deutsche Recht kann auch nicht anders entscheiden, solange es das Verhalten der Parteien über die angegebenen Grenzen hinaus nicht berücksichtigt. Darum aber erscheint die Regelung des Wegfalls der Bereicherung überhaupt als ein Fremdkörper im deutschen System. Hier ist die konstruktive Methode durch eine reine Billigkeitserwägung durchbrochen worden. Dies ergeben auch die Motive zum BGB.[2] Dort wird die Abweichung von den allgemeinen Regeln über Unmöglichkeit der Herausgabe von Sachen hervorgehoben und damit begründet, daß der gutgläubige Empfänger einer nicht geschuldeten Leistung befugt erscheine, über den erhalte-

[1] Gierke, III, S. 1003.
[2] Vgl. S. 836.

nen Gegenstand frei zu verfügen.[1] Bezeichnenderweise wurden aber schon bei den Beratungen aus diesen Tatsachen teilweise widersprechende Folgerungen gezogen.[2] In der Tat ist für das deutsche Recht zweifelhaft und bisher nicht überzeugend dargetan, warum in einer, sonst anderen Schuldverhältnissen gleichgesetzten Verpflichtung auch eine „verschuldete Unmöglichkeit",[3] d. h. z. B. ein grob fahrlässiger Irrtum über das Recht an der empfangenen Leistung oder ein grob fahrlässig herbeigeführter Verlust der zu Unrecht empfangenen Sache — von der Herausgabepflicht befreien soll. Entsteht mit dem Empfang der Leistung ein Schuldverhältnis auf Rückgewähr, so muß auch der Empfänger nach allgemeinen Regeln haften.

Im angelsächsischen Recht gliedert sich die Bedeutung des change of position organisch in das System ein. Wegfall der Bereicherung wird nur dann berücksichtigt, wenn er im unmittelbaren Zusammenhang mit dem vom Kläger verursachten Irrtum steht. Führt das Verhalten des Klägers selbst mittelbar den Wegfall herbei, so ist er „estopped". Darum befreit zufälliger Verlust nicht. Ebenso aber muß der Beklagte auf der Hut sein. Jede Fahrlässigkeit vernichtet den Einwand bezw. verstärkt die Stellung des Gegners. So kommt es, daß hier das angelsächsische Recht, das im allgemeinen den Bereicherungskläger viel strenger behandelt als das deutsche, bisweilen dem Kläger günstiger ist, so, wenn der Beklagte fahrlässig gehandelt hat, der Kläger nicht (vgl. oben S. 110). Nach deutschem Recht bleibt der Wegfall der Bereicherung trotzdem erheblich, nach amerikanischem Recht nicht mehr. Im deutschen Recht ist die auf Billigkeitsabwägung beruhende Vorschrift des § 818 BGB. wiederum im Rahmen des objektiven Systems erstarrt und wird nun auch auf Fälle angewendet, in denen die ursprünglich motivierenden Erwägungen nicht zutreffen.

Die „systematische Rechtsvergleichung"[4] lehrt gerade in dieser Frage, wie vorsichtig eine „wertende Rechtsvergleichung" zu Werke gehen muß. Nach einer Vergleichung nur der Ergebnisse könnte man das amerikanische Recht (nicht das englische) leicht zur Stütze für § 818 Abs. 3, BGB. heranziehen.

---

[1] Vgl. Protokolle, S. 29, 82.
[2] Protokolle, a. a. O.
[3] Protokolle, a. a. O
[4] Im Sinne der Unterscheidung von Rabel, Aufgaben und Notwendigkeit der Rechtsvergleichung, RheinZ. 13, S. 279 ff.

Eine nähere Untersuchung zeigt aber, wie verschieden das gleiche Ergebnis im Rahmen zweier verschiedener Systeme wirkt.

Auf das Problem des eigentlichen Wesens und Zwecks des Bereicherungsanspruchs zielt die Frage, was die hier eingehend erörterte Formel des *„retain against equity and good conscience"* bedeutet und ob sie den Quasikontraktansprüchen einen anderen Charakter verleiht als unseren Bereicherungsansprüchen.

„U n j u s t enrichment", das verbindende Element aller Quasikontraktansprüche, entspricht wörtlich der „ungerechtfertigten Bereicherung". Was aber erscheint beiden Rechtsordnungen als „ungerechtfertigt"? — Dem Mangel des rechtlichen Grundes stehen im angelsächsischen Recht gleichartige Elemente gegenüber. „Mistake" und „failure of consideration" haben für die einzelnen Arten der Kondiktion etwa die entsprechende Bedeutung. Damit ist aber, wie immer wieder hervorzuheben ist, die Prüfung der Rechtsbeziehungen noch nicht erschöpft. Nicht nur die Abwägung des beiderseitigen Verschuldens tritt hinzu. Der Bereicherungsanspruch dient im hervorragenden Maße der Förderung der G e r e c h t i g k e i t in den Rechtsbeziehungen der einzelnen. Darum greift die Rechtsordnung nur dann ein, wenn ihr die gegenwärtige Rechtslage nicht nur als „ungerechtfertigt", sondern als „ungerecht" erscheint. In der Stellungnahme zu dieser Frage gipfelt der Gegensatz der beiden Systeme. Ist das deutsche Recht einerseits fürsorglich, entlastet es den einzelnen weitgehend von dem Risiko einer Schädigung, so geht es anderseits in der moralischen Kritik der Rechtsbeziehungen der einzelnen innerhalb des Bereicherungsrechts über die allgemeinen Normen nicht hinaus. Das a n g l o - a m e r i k a n i s c h e Q u a s i k o n t r a k t r e c h t ist dem gegenüber durch einen stark e r z i e h e r i s c h e n C h a r a k t e r gekennzeichnet. Dummheit und Leichtsinn schützt die Rechtsordnung nicht. Jeder trägt die Verantwortung für seine Handlungen, ob er nachlässig Vermögenswerte aus der Hand gibt oder anderen seine unerbetenen Dienste aufdrängt. Nur, wenn „public policy" es erfordert, greift das Gesetz ein, d. h. nur, wenn ein erlittenes U n r e c h t wiedergutzumachen, nicht nur eine nicht geschuldete Leistung wieder auszugleichen ist. Zwar ist ein unsittliches Haben der Leistung durch den Beklagten nicht Voraussetzung des Anspruchs. Umgekehrt aber führt es zum Ausschluß des Anspruchs, wenn der Beklagte nicht „ungerecht" besitzt.

Die Untersuchung der angelsächsischen Bereicherungsnormen im ganzen führt zu dem bemerkenswerten Ergebnis, daß eine systematisch und konstruktiv so weitgehend von der deutschen verschiedene Rechtsordnung eine ähnliche Art der Bereicherungshaftung kennt. Dies beweist, daß ungeachtet der konstruktiven Besonderheiten der einzelnen Rechtssysteme der Gedanke des Anspruchs aus ungerechtfertigter Bereicherung eine grundlegende Bedeutung in jedem Rechtsorganismus hat. Wo immer der Mechanismus der Rechtsordnung zu ungerechten Härten führt, greift dieser Rechtsbehelf zum Ausgleich ein. Es wächst an Bedeutung in dem Maße, wie eine Rechtsordnung die strenge, schematische Regelung des Rechtsverkehrs durch individuelle Berücksichtigung des Einzelfalls ersetzt.

Druck von Ferdinand Berger, Horn, Nied.-Österr.

MIX
Papier | Fördert
gute Waldnutzung
FSC® C083411

Kolibri 360 GmbH
Ferdinand-Jühlke-Straße 7
99095 Erfurt, Deutschland
produktsicherheit@kolibri360.de